韩山师范学院学术专著出版基金

广东省粤东药食资源功能物质与治未病研究重点实验室（2021B1212040015） 资助

野生热带水果植物
——木奶果

◎ 黄剑坚　朱　慧　郑玉忠　陈　杰　黄河腾　等　著

U0306092

中国农业科学技术出版社

图书在版编目（CIP）数据

野生热带水果植物：木奶果 / 黄剑坚等著. --北京：中国农业科学
技术出版社，2022.11

ISBN 978-7-5116-5978-1

Ⅰ.①野… Ⅱ.①黄… Ⅲ.①叶下珠—介绍 Ⅳ.①Q949.753.5

中国版本图书馆CIP数据核字（2022）第198374号

责任编辑 姚　欢　施睿佳
责任校对 马广洋
责任印制 姜义伟　王思文

出 版 者 中国农业科学技术出版社
　　　　　北京市中关村南大街12号　　邮编：100081
电　　话 （010）82106631（编辑室）　　（010）82109702（发行部）
　　　　　（010）82109709（读者服务部）
网　　址 https://castp.caas.cn
经 销 者 各地新华书店
印 刷 者 北京建宏印刷有限公司
开　　本 185 mm×260 mm　1/16
印　　张 12.75
字　　数 200千字
版　　次 2022年11月第1版　　2022年11月第1次印刷
定　　价 80.00元

项目资助

韩山师范学院学术专著出版基金

广东省粤东药食资源功能物质与治未病研究重点实验室
（2021B1212040015）

《野生热带水果植物——木奶果》

著写委员会

主　著：黄剑坚

副 主 著（排名不分先后）：

朱　慧　郑玉忠　陈　杰　黄河腾　管东生　吴丰年　王瑞旋

著作成员：黄剑坚　韩山师范学院

朱　慧　韩山师范学院

郑玉忠　韩山师范学院

刘谋泉　韩山师范学院

王忠合　韩山师范学院

王瑞旋　韩山师范学院

吴丰年　韩山师范学院

管东生　中山大学环境科学与工程学院

陈　杰　广东海洋大学滨海农业学院

黄河腾　广西来宾市住房和城乡建设局

张福平　韩山师范学院

吴清韩　韩山师范学院

施　敏　韩山师范学院

前　言

　　木奶果（*Baccaurea ramiflora* Lour.），又称山萝葡、三丫果等，为叶下珠科木奶果属中型常绿乔木，树高6～12 m。它多以野生状态分布于东南亚各国及中国云南、广西、广东和海南等中低海拔的山谷、山坡密林或疏林中。木奶果是集园林苗木（形态婀娜，果色多样）、食用水果（酸甜可口，富含维生素C）和药用植物（止咳平喘，有抗肿瘤活性）于一身的多用途树种，特别是住宅区、城市公园、校园等区域的潜在绿化树种。然而，由于重视程度不够，目前木奶果仍然处于自生自灭的野生状态，其基础问题未得到深入研究。而且，野生木奶果在我国的分布范围较小，个体数量少，加上人为干扰和生境受到破坏，现存的野生木奶果资源在进一步减少，如不及时采取措施对其进行研究和开发利用，那么野生木奶果极有可能在不久的将来湮没于深山之中。因此，对木奶果的开发与保护势在必行。目前国内外对木奶果的研究主要集中在种质资源筛选与遗传多样性分析、种子贮藏与繁殖方法探索、叶片及果实药用成分的提取应用等方面。由于缺乏系统性的基础研究，很大程度上限制了木奶果的开发利用。

　　木奶果对于光环境的适应性具有一定的特殊性：随着木奶果的生长，从幼苗期的阴生转为成年期的阳生。由于木奶果在苗木期与成熟期对光的适应性不同，其苗木培育困难成为制约木奶果推广应用的一个重要原因。不同地区种源的木奶果生长光强环境有较大差异，不同地区种源对光的需求不同。木奶果的幼苗时期，为了适应热带地区林下和复杂森林的低光照生态环境，不同种源木奶果幼苗对光的响应差异尚不清楚。笔者前期的调查发现，地处南亚热带的谢鞋山和停扣山两地的木奶果生长区域的植物群落特征及光环境有较大差异，可能处于不同的演替阶段。因此，笔者选择谢鞋山和停扣山的木奶果为研究对象，对两地木奶果生长区域的群落特征及不同年龄段的光适应进行观测，

并进行不同强度遮阴下两种源木奶果幼苗生长及生理变化的比较研究，以期探明木奶果生长、分布特点，评价其群落发展的状态，揭示其特殊的光适应性，明确两种源木奶果幼苗生长的适宜光照环境范围和生理调控机制，并解析不同种源间的光适应性差异及原因。本书的研究成果将为木奶果对光的环境生态适应性研究提供基础理论支撑和参考，对野生木奶果种群的保护、苗木栽培及推广应用意义重大。

木奶果果实多样性和可开发性也逐渐受到研究人员的关注。木奶果利用主要为果实食用，果实品种的推广受限于果实的口感，可溶性糖、有机酸和类黄酮等对果实口味具有重要的决定性作用。但目前木奶果果肉颜色和口味的形成机制仍不明确，阻碍了木奶果的优良品种选育。研究木奶果果实性状差异的成因，对开发利用木奶果具有重要价值，可为后期筛选优良的木奶果果用品种提供重要的指导意义。本书研究选择BR（成熟时果皮偏白色、果肉粉红色）和LR（成熟时果皮偏绿色、果肉乳白色）两种地方品系的木奶果为研究材料。两者因其果实性状差异大（主要表现为口感不一，颜色不同），适合作为研究材料用来研究木奶果果肉发育成熟过程中基因表达差异及代谢物差异。本书的研究基于木奶果全基因组测序，分析其基因家族和基因组复制事件等，通过挖掘相关基因的功能，为木奶果引种、驯化及选育提供遗传学基础。同时，结合果肉不同发育阶段代谢组和转录组数据，分析不同果肉颜色中基因表达的差异，筛选影响木奶果果肉颜色形成和糖、酸代谢途径的关键基因，并利用qRT-PCR技术对关键基因的表达式样进行验证，阐述果肉在不同发育期可溶性糖和有机酸的代谢途径及相关差异表达基因，揭示木奶果果肉中的类黄酮、花色苷合成途径，明确产生色差的内在原因。木奶果果肉性状的研究，能揭示不同木奶果地方品系口味差异的原因，促进对木奶果果实的开发利用，从而加快木奶果的品种选育和栽培推广，为木奶果种质资源多样性保护及开发利用提供重要的基础支撑。

本书是在笔者近五年对木奶果研究的基础上，并在韩山师范学院科学研究出版基金、广东省林业厅林业科技计划项目"基于无性繁殖技术的中国木奶果种质资源库构建及培育关键技术（项目编号：2018KJCX023）"、国家自然科学基金"基于影响因素细分的红海榄胎生繁殖体产量估测自适应模型（项目编号：31500521）"、"广东省粤东药食资源功能物质与治未病研究重点实验室（项目编号：2021B1212040015）"等资助下完成的。本书的出版，得到了广西南亚热带农业科学研究所的周婧、罗培四、韦优、刘汉焱等专家的帮助和大力支持，得到了中山大学管东生教授和江西农业大学杨光耀教授的悉心指导。在此，特向上述单位和个人表示最诚挚的谢意。

由于本书写作时间较为紧迫，书中难免存在不足之处，敬请指正！

黄剑坚　陈　杰　黄河腾　吴丰年　施　敏，等

2022年3月20日于潮州

摘　要

　　木奶果（*Baccaurea ramiflora* Lour.）为叶下珠科木奶果属中型常绿乔木，主要分布于东南亚各国及中国云南、广西、广东和海南等中低海拔的山谷、山坡密林或疏林中。它是一种集观赏、食用、药用价值于一体的野生或半栽培状态的多用途树种，具有重要开发潜力。目前，木奶果有几个重要的基础问题尚未理清。木奶果的生态学和生物学特性尚未得到很好的研究，果实发育过程中果肉品质性状差异形成的机理也尚未得到深入系统的研究，这些都阻碍了木奶果果实的开发利用。本书的研究以谢鞋山和停扣山的木奶果为研究对象，对两地木奶果生长的群落物种组成、区系成分、演替趋势等基本特征及木奶果不同年龄段的光适应性进行了观测，并对不同遮阴环境下两种源木奶果幼苗的生长及生理响应机制进行了详细分析。同时，笔者选择广西两个木奶果地方品系BR（成熟时果皮偏白色、果肉粉红色）和LR（成熟时果皮偏绿色、果肉乳白色）为材料，基于全基因组测序，结合代谢组和转录组分析，系统地研究了木奶果果肉的营养成分、花色苷合成途径及糖、酸代谢途径。木奶果基础问题的研究为木奶果的开发利用提供理论基础。主要研究内容和研究结论如下。

　　（1）在谢鞋山和停扣山木奶果生长的群落共调查到植物132种，隶属于59个科、116个属，以泛热带分布科、属占优势，具有中国特有分布科、属和裸子植物较少，单种科、属以及寡种科、属较多的特点。群落的物种丰富度（S）总体趋势表现为乔木层>灌木层>草本层。谢鞋山木奶果生长的群落乔木层优势种以阳生性树种为主，阳生性树种重要值百分率之和达60.77%；停扣山木奶果生长的群落乔木层优势种则以中生性树种为主，中生性树种重要值百分率之和达66.43%。谢鞋山和停扣山木奶果生长的群落处于演替的中后期阶段（第4阶段和第5阶段），在演替中后期群落的谢鞋山和停扣

1

山木奶果种群的径级结构分布说明，木奶果能够在野外天然条件下实现自我更新。

（2）随着木奶果树龄的增长，谢鞋山与停扣山两地木奶果比叶面积、叶绿素/单位面积均不断下降，叶绿素a/b值不断增大，阳生特性逐渐显露，中龄时期已基本上成长为阳生树种。由于处于演替第4阶段的谢鞋山木奶果生长群落光照条件比处于演替第5阶段的停扣山木奶果强，谢鞋山木奶果的阳生特征比停扣山木奶果显著，说明光环境对木奶果种群的光适应特征也有影响。

（3）木奶果幼苗期具有阴生植物的特性，强光会明显抑制木奶果幼苗的生长，重度遮阴也会影响幼苗的生长。强光环境下，木奶果幼苗通过增加类胡萝卜素相对含量与过氧化氢酶（CAT）活性，以减缓膜脂过氧化损害；弱光环境下，木奶果幼苗通过把生物量更多地分配到地上部分的茎叶，使得幼苗向高处生长和增加叶面积，并提高其叶片光合色素含量，以捕获到更多的光能和提高对光能的利用。脯氨酸（Pro）与可溶性糖（Ss）则作为综合调节物，调节渗透压，以减轻强光与弱光带来的细胞膜胁迫压力。木奶果幼苗生长的适宜遮阴网范围在4针（69.2%遮光率）到6针（80.0%遮光率）之间，其中，停扣山种源木奶果幼苗比谢鞋山种源更耐阴，反映了不同演替阶段种源地的长期光强环境差异的影响。

（4）木奶果全基因组组装后的基因组大小为975.8 Mb，Contig N50为509.33 Kb，最长Contig为7.74 Mb；木奶果基因组中重复序列占比达到73.47%，为高度重复；其中LTR-反转录转座子占基因组的52.1%；共预测到29 172个蛋白编码基因，其中25 980个被注释，占89.06%；共发现了3 452个非编码RNA。比较基因组发现木奶果与大戟科的亲缘关系较近，互为姊妹群，分化时间约为59.9 Mya；木奶果在进化过程中有173个基因家族发生扩张，22个基因家族收缩；Ks和共线性分析都表明木奶果只经历了远古全基因组三倍化事件，未发现近期全基因组事件发生。

（5）木奶果果肉非靶代谢组分析共发现了541个代谢物，其中初级代谢物包括12种糖、3种有机酸、7种氨基酸及其8种衍生物、2种维生素、41种脂肪酸等；次级代谢物包括42种类黄酮、8种酚、6种酚酸、26种苯丙烷、4种类固醇及其5种衍生物、75种萜类等。完全成熟期木奶果果肉中糖分主要以*L*-山梨糖、*D*-(+)-葡萄糖、Bis（methylbenzylidene）sorbitol和蔗糖为主，仅*D*-(+)葡萄糖在LR vs BR中的浓度明显较低，表明它对木奶果果实口味影响较大；有机酸以柠檬酸为主，在两个地方品种中无显著差异；BR的糖酸比高于LR，证明了BR的口感更甜。在果肉发育晚期，LR5 vs BR5中4种脂肪酸均显著上调，推测二十碳五烯酸、乙酸金合欢酯、羊角脂肪酸F和茉莉酸的增加导致木奶果果肉口感变差。木奶果果肉花色苷合成途径的研究发现了代谢物9种，分别是柚皮苷查尔酮、柚皮素、圣草酚、二氢槲皮素、山奈酚、槲皮素、原花青素B_1、(+)-儿茶素和(-)-表儿茶素等，花色苷的合成主要是在幼果期。推测木奶果内果皮粉红色由矢车菊素决定，BR果肉呈现粉红色，可能是前期积累了更多的矢车菊色苷导致的。

（6）木奶果果肉颜色积累的转录组分析鉴定了38种参与类黄酮和花色苷的合成途径的差异表达基因（DEGs）。发现$F3'5'H$（ctg1305.g11051、ctg2839.g24678和ctg17.g00099）和$UFGT$（ctg1210.g10432）在BR木奶果的前2个发育期高表达，且与同时期LR相比均显著上调，后3个发育期几乎不表达，初步确定了它们是BR与LR果肉颜色差异形成的关键基因。果肉发育早期，花色苷合成相关基因CHI（ctg502.g04473）表达式样与柚皮素的含量一致，FLS基因（ctg1560.g13893）表达式样与槲皮素的含量一致，推测二者为调控木奶果果肉花色苷合成的关键基因。KEGG通路富集发现了(+)-儿茶素和(-)-表儿茶素聚合成原花青素（PA），LAR基因（ctg1760.g15871）表达量与(+)-儿茶素含量一致，ANR基因（ctg2699.g23958）表达量与(-)-表儿茶素含量一致，说明二者为合成PA的关键基因。

（7）木奶果果肉糖酸变化的转录组分析鉴定了37个糖酸代谢途径相关的DEGs。发现INV基因（ctg938.g08130）的表达量与D-葡萄糖含量一致，SUS基因（ctg1317.g11439）和SPS基因（ctg1438.g12890）的持续高表达与蔗糖积累逐渐增加相符，推测它们是糖代谢相关的关键基因。结合代谢组分析，发现木奶果果实完全成熟期D-葡萄糖含量与合成D-葡萄糖的INV（ctg938.g08130）均显著下调，推测ctg938.g08130可能是BR口味更甜的关键基因；发现了HK（ctg183.g01544）在LR各发育阶段均显著上调，导致D-葡萄糖在LR的发育过程中消耗更多，说明了HK可能是木奶果糖代谢中的关键基因；在有机酸代谢中，CS（ctg425.g03656和ctg1366.g11905）的表达不断增加柠檬酸的积累，ACO（ctg884.g07708）和IDH（ctg234.g02365和ctg1216.g10454）的高表达导致柠檬酸快速降解，MDH（ctg655.g05512和ctg1781.g16031）及$NADP-ME$（ctg100.g00903和ctg1207.g10216）为苹果酸快速降解的关键基因。

关键词：木奶果；基因组；代谢组；转录组；果肉颜色；口味；光适应

ABSTRACT

Baccaurea ramiflora Lour. is an evergreen tree belonging to the family of Phyllanthaceae, mainly distributed in the wild, valleys, hillside dense forests or sparse forests at low and middle altitudes in South Asia and Yunnan, Guangxi, Guangdong and Hainan of China. It is a wild or semi-cultivated multi-purpose tree species that integrates ornamental, edible and medical purposes, and has important development potential. Currently, there are several important fundamental issues with *B. ramiflora* that are unclear. Their ecological and biological characteristics have not been well studied. Because the research on the fruit of *B. ramiflora* is mainly about some macroscopic nutrients, there is no systematic explanation of the formation mechanism of pulp quality traits in the process of fruit development, which hinders the development and utilization value of *B. ramiflora*. In this study, the species composition, floristic distribution, succession trend and other basic characteristics of *B. ramiflora* communities in Xiexie Mountain and Tingkou Mountain were measured. The light adaptation of *B. ramiflora* at different ages was investigated. The growth and physiological response of its seedlings to different shading environments were analyzed. At the same time, in this study, two local strains in Guangxi, BR (mature, pink flesh) and LR (mature, milk white flesh) as materials, based on whole genome sequencing, metabonomics and RNA-seq analysis, systematic research of the nutrients, anthocyanins synthesis pathway of fruit pulp and sugar acid metabolic pathways of *B. ramiflora*. This study provided a theoretical basis for the scientific development of the pulp nutritional value of *B. ramiflor*. The main contents and conclusions are as follows.

（1）In total, 132 species of vascular plants, belonging to 59 families and 116 genus in the plant community of natural growing *B. ramiflora* were recorded from Xiexie Mountain and Tingkou Mountain. In both of the study areas, the pantropical family and genera are dominant. It has the characteristics of fewer gymnosperms and Chinese endemic species, but a relatively high ratio of single species and oligopoly species. On the indicator of community species richness（S）, the overall trend is as follows: arbor layer>shrub layer>herb layer. The dominant species in the arbor layer of the *B. ramiflora* community in Xiexie Mountain are heliophytes. The sum of the important values of the heliophytes reaches 60.77%. The dominant species in the arbor layer of the *B. ramiflora* community in Tingkou Mountain are mesophytes, and the sum of the important values of the mesophytes reaches 66.43%. The communities of *B. ramiflora* in Xiexie Mountain and Tingkou Mountain are in the middle and later periods of succession（stages 4 and 5）. The diameter class structure distribution of *B. ramiflora* population in our study shows that it can renew itself under the natural conditions.

（2）With the increase of age, the specific leaf area and chlorophyll content per unit area of *B. ramiflora* in Xiexie Mountain and Tingkou Mountain decreased, while chlorophyll a/b value increased. The characteristic of heliophytes of *B. ramiflora* have gradually become obvious, and it generally grows into a heliophyte in the middle age period. Since *B. ramiflora* community from Xiexie Mountain in the fourth stage of succession has stronger lighting conditions than those from Tingkou Mountain in the fifth stage of succession, *B. ramiflora* in Xiexie Mountain has more obvious characteristics of heliophytes than those in Tingkou Mountain. It is indicated that the light environment of the community will affect the light adaptation of *B. ramiflora* population.

（3）*B. ramiflora* at the seedling stage exhibited the characteristics of shading plants. In other words, strong light or heavy shading will inhibit its growth. Under strong light conditions, *B. ramiflora* seedlings eliminate membrane lipid peroxidation by increasing CAT activity and the relative content of carotenoids. Under low light conditions, seedlings will allocate more biomass to stems and leaves, and enhance the photosynthetic pigment content of leaves, so that the seedlings grow higher and have a larger leaf area for the capture of more light energy and increased light energy utilization. Pro and Ss act as comprehensive regulatory substances, can adjust osmotic pressure and alleviate cell membrane stress caused by strong light and weak light. The suitable light range for the growth of *B. ramiflora* seedlings is between 4-pin shading net（69.2% shading rate）to 6-pin shading net（80.0% shading rate）. The *B. ramiflora* seedlings from Tingkou Mountain were more shade-tolerant than Xiexie

Mountain due to the effects of long-term light environmental differences in their provenances.

（4）Genome-wide characteristics analysis of *B. ramiflora*. The whole genome was sequenced and analyzed using a combination of the third-generation and second-generation sequencing technology. The assembled genome size was 975.8 Mb, Contig N50 was 509.33 Kb, Contig Max was 7.74 Mb. The proportion of repeated sequences in the genome of *B. ramiflora* reached 73.47%, indicating a high degree of repetition. LTR-retrotransposon accounted for 52.1% of the genome. A total of 29 172 protein-coding genes were predicted, of which 25 980（89.06%）were annotated. A total of 3 452 non-coding RNAs were found. Comparing the genomes, it was found that the relationship between *B. ramiflora* and Euphorbiaceae was close, they were sister groups, and the differentiation time was about 59. 9 Mya. In the process of evolution, 173 gene families expanded and 22 gene families contracted. Ks and colinear analysis showed that only experienced ancient genome-wide tripling events, but no recent genome-wide events were found in *B. ramiflora*.

（5）541 metabolites were identified using non-target metabolomics analysis in the pulp of *B. ramiflora*, including primary metabolites：12 carbohydrates, 3 organic acids, 7 amino acids and 8 its derivatives, 2 vitamins, 41 fatty acids；and secondary metabolites：42 flavonoids, 8 phenols, 6 phenolic acids, 26 phenylpropanoids, 4 steroids and 5 its derivatives, 75 terpenoids. The main sugars in the pulp of *B. ramiflora* at full maturity were L-sorbitol, *D*-(+)-glucose, Bis（methylbenzylidene）sorbitol and sucrose, and the concentration of *D*-(+)-glucose was significantly lower in LR vs BR. The results showed that *D*-(+)-glucose had a significant effect on the taste of *B. ramiflora*. The main organic acid was citric acid with no significant difference. The sugar-acid ratio is higher in LR than BR, which explains the sweeter taste in BR. Four fatty acids were significantly up-regulated in LR5 vs BR5, suggesting that the increase of eicosapentaenoic acid, faraceyl acetate, Corchorifatty acid F and jasmonic acid reduced the pulp taste of *B. ramiflora*. The pulp of *B. ramiflora* was rich in 9 metabolites of anthocyanin biosynthesis pathway, which were naringin chalcone, naringin, eriodictyol, quercetin, dihydroquercetin, kaempferol, quercetin, proanthocyanin B1, (+)-catechin and (-)-epicatechin. It was speculated that the pink color of endocarp was determined by cyanidin. The accumulation of flavonoids was mainly in the first two development periods. Compared with LR, the pulp of BR was pink, which might be caused by the accumulation of more cyanin in the early stage of BR.

（6）Transcriptome analysis of pulp color accumulation in *B. ramiflora*. identified 38 differently expression genes（structural genes）related to flavonoids and anthocyanin

biosynthesis pathways in the pulp of *B. ramiflora*. It was found that *F3'5'H*（ctg1305. g11051，ctg2839.g24678 and ctg17.g00099）and *UFGT*（ctg1210.g10432）were found to be highly expressed in the first two development stages of BR，and significantly up-regulated compared with LR in the same period，but hardly expressed in the last three development stages. They were identified as the key genes in the formation of pulp color difference between BR and LR. In the early pulp development，the expression of ctg502.g04473 in *CHI*，the early structural gene of anthocyanin biosynthesis，was consistent with naringin content，and the expression levels of *FLS*（ctg1560.g13893）was consistent with quercetin，suggesting that ctg502.g04473 and ctg1560.g13893 were key genes in the anthocyanin synthesis pathway in the pulp of *B. ramiflora*. (+)-catechin and (-)-epicatechin polymerization to form proanthocyanidins（PA）were enriched in KEGG pathway. The expression of *LAR*（ctg1760. g15871）were consistent with (+)-catechin，and the expression of *ANR*（ctg2699.g23958）was consistent with (-)-epicatechin，so demonstrated *LAR*（ctg1760.g15871）and *ANR*（ctg2699.g23958）were the key genes in the biosynthesis of PA.

（7）Transcriptome analysis of pulp sugar and acid changes in *B. ramiflora*. identified 37 DEGs related to sugar and acid metabolic pathways in the pulp of *B. ramiflora*. In glucose metabolism，the expression of *INV*（ctg938.g08130）was consistent with the content of *D*-glucose，*SUS*（ctg1317.g11439）and *SPS*（ctg1438.g12890）were continuous high expression，which was consistent with the gradual increase of sucrose accumulation，suggesting that these genes were key genes related to glucose metabolism during fruit development. Combined with metabolomic analysis，the *D*-glucose content in LR5 vs BR5 was significantly decreased at full maturity，and the *INV*（ctg938.g08130），which synthesized *D*-glucose，was also significantly down-regulated in LR5 vs BR5，speculating that ctg938.g08130 was the key gene for the sweeter taste of BR. *HK*（ctg183.g01544）was significantly up-regulated in all developmental stages，indicating that *D*-glucose was consumed more during the development of LR，indicating that ctg183.g01544 was a key gene in glucose metabolism. In the organic acid metabolism，the expression of *CS*（ctg425.g03656 and ctg1366.g11905）increased the accumulation of citric acid. High expression of *ACO*（ctg884.g07708）and *IDH*（ctg234.g02365 and ctg1216.g10454）led to rapid degradation of citric acid. *MDH*（ctg655.g05512 and ctg1781.g16031）and *NADP-ME*（ctg100.g00903 and ctg1207.g10216）were the key genes of malic acid rapid degradation.

Key words：*Baccaurea ramiflora* Lour.；Genome；Metabolome；RNA-seq；Pulp color；Taste；Light Adaptatio

目 录

第1章

木奶果概述

1.1 木奶果的生物学特性

木奶果（*Baccaurea ramiflora* Lour.）为金虎尾目（Malpighiales）（APG IV系统）叶下珠科（Phyllanthaceae）木奶果属（*Baccaurea* Lour.）的常绿乔木，别名山萝葡、三丫果等（图1-1），在我国主要产于云南、广西、广东和海南等中低海拔的山谷、山坡密林或疏林中（中国科学院中国植物志编辑委员会，1994；Goyal等，2013）。经典分类学中叶下珠科属于大戟科一部分，后因分子证据从大戟科独立出来。木奶果是一种未被充分利用的野生果树，在尼泊尔、印度、缅甸、孟加拉国、中国南部、泰国和马来西亚等地偶见栽培种植（Bhowmick，2011），属于热带树种。

图1-1　成熟期的木奶果果实

Fig. 1-1　Ripening fruit of *Baccaurea ramiflora* Lour.

木奶果（*Baccaurea ramiflora* Lour.）

木奶果树高6～12 m，胸径可达60 cm，甚至100 cm；树皮呈灰褐色；幼枝被糙硬毛，后渐无毛；单叶互生，常集中于枝条顶部，纸质，常呈倒卵状长圆形或披针形和椭圆形，长5～15 cm，宽3～8 cm，叶顶端常短渐尖，基部楔形，叶全缘或波浪状（具小腺齿），叶上面较深绿色，均无毛；羽状脉，侧脉5～7条，上面光滑扁平，下面凸起；叶柄1～5 cm；雌雄异株，花小且无花瓣，总状花序聚合成圆锥花序，常茎生于树干或腋生于枝条，被短柔毛，雄花早于雌花开放，花期2—3月；雄花序呈白色，长10～15 cm，萼片4～5个，呈长圆形，雄蕊4～8枚；雌花花期2月中旬至4月初，花序呈淡紫红色或暗红色，长可达30 cm，花朵较雄花大，萼片4～6个，呈长圆形，子房密被锈色短糙伏毛，圆球形或卵形，花柱几乎不见，柱头2裂，扁平；果为浆果状蒴果，近圆球形或卵形，长2～3 cm，直径1.5～2 cm，果皮呈白色、黄色、橙色、绿色、粉红色、红色和紫色，果肉呈乳白色、粉红色和紫色；种子常3粒，也见2或4粒不等，扁椭圆形，长约1.2 cm，宽约1.0 cm，果肉紧密附着在种子上；果期6月中旬—8月中旬，盛花期后110天左右成熟。木奶果是一种具有重要经济价值和开发潜力的野生植物资源，它树形优美，适应性强；果实形如葡萄，果肉酸甜可口、香气怡人、口感嫩滑，既可以鲜吃，又可进一步加工为果汁、果脯、果酱和果酒；木材可作家具和细木工用料；根茎叶及果实均可入药，用于平喘止咳、解毒止痒，具有抗肿瘤的作用（罗浩城等，2017；林书生等，2013；王海杰等，2013）。

1.2 木奶果的应用价值

近些年来，木奶果受到不少学者的关注，研究发现木奶果果肉多汁、酸甜可口，能增强食欲；其根、茎、叶及果实皆能入药，用于平喘止咳、解毒止痒；而且树形优美、果形漂亮，集观树、观花、观果价值于一身。因此，木奶果可在野生果树、药用植物、园林绿化等方面进行开发利用，是一种经济价值开发潜力极高的树种（胡建香等，2003）。目前，木奶果的开发利用尚处于起步阶段，很多学者开始对其进行了摸索。在药用方面，国外学者已经做了很多研究。

在木奶果的园林观赏、绿化应用方面，各地种植的木奶果管理粗放，苗木栽培的配套技术严重缺乏。林书生等（2013）调查了我国木奶果的栽培现状，发现多为零星种植于庭院供观赏与食用，还没有大面积的人工培育，而且现有品种混杂、品质差异悬殊，缺乏商业性栽培品种。针对这一问题，罗培四等（2017）研究了广西木奶果产区的气候条件、资源分布特点和主要农艺性状，初步筛选了7个适于广西栽培的优良单株。另外，针对木奶果繁殖技术缺乏这一现状，胡建香等（2003）记录了木奶果幼苗、幼树成长及开花结果的过程，并探索了种子繁殖、扦插繁殖、高压繁殖3种繁殖方法。又因木奶果种子贮藏特性不明，种子寿命短暂，Wen等（2014）研究了木奶果种子对高温和脱水的敏感性，发现木奶果种子对脱水和高温非常敏感，温度升高或相对湿度降低，种子活力都会下降。路信等（2010）研究了脱水速率对木奶果种子脱水敏感性与抗氧化酶活性的影响，确定了木奶果种子的贮藏特性为顽拗性，慢速适度脱水利于提高其种子贮藏寿命。木奶果具有特殊的园林景观开发价值。目前世界上老茎生花结果的植物大约有1 000种，而木奶果就是一种典型的老茎生花结果的热带植物。木奶果树形优美，其果实颜色丰富，果形有球形、长卵形、橄榄形等多种形状，结果时累累密布于老枝上，是果、干同赏的园林造景理想选材（王海杰等，2013）。

木奶果具有丰富的营养价值。人们越来越倾向于食用植物性食品，植物因富含各种重要的营养物质，为人类健康提供平衡的饮食起了重要的作用（Basumatary等，2017）。木奶果果实因酸甜可口逐渐吸引了人们的关注，其营养价值已被研究人员证实。研究人员对果实的营养成分进行了分析，研究表明木奶果果肉中脂肪、灰分和蛋白质含量较低，但是富含膳食纤维、维生素C，以及钙、镁、磷等矿物质元素。其可食率为49.2%，含水量为84.7%，脂肪为0.06%，淀粉为0.47%，纤维为0.29%，维生素C为1.57 mg/100 g，可滴定酸为1.99%，总糖为11.87%（胡建香等，2003；李文砚等，2015；Puwastien等，2000；Sundriyal等，2001；Mann等，2016；Pandey等，2018）。木奶果可作为一种极好的营养成分来源，能满足人们对植物性食品的需要。据2018年的调查，云南红河哈尼族彝族自治州各大超市木奶果鲜果价格达到10元/kg左右，广西南部地区市场价格为7～10元/kg。一般成年树单株产量可达100～150 kg，种植木奶果可给农户带来较高的经济效益（杨志强等，2014）。

木奶果还具有较高的药用和保健价值（王海杰等，2013；Inta等，2013）。它的叶、果、茎、树皮和种子是许多中草药药方的成分，被用于治疗黄疸、便秘、消化不良、蜂窝组织炎，还可以作为蛇毒液解药和抗类风湿关节炎等的消炎药和止痛剂（Goyal等，2013；林艳芳等，2003；Saha等，2017；Kalita等，2014；Rahim等，2012）。国外学者对木奶果开展了较为深入的化学成分和药用成分研究，分离鉴定出30多种化合物，具有镇痛、驱虫、抗氧化、止泻、抗炎、细胞毒素、溶血、降血糖、降血脂、杀虫、神经药理、血小板、抗真菌和抗菌等多种药用价值（Goyal等，2013；Nesa等，2018；Al-Masud等，2018；Usha等，2017；Pan等，2015；Usha等，2014；Mann等，2015；Saha等，2016；Obayed等，2012）。Nesa等（2018）发现木奶果果肉和种子的甲醇提取物可作为药物活性镇痛药，控制动物模型的中枢和外周疼痛；甲醇提取物中的蓖麻油具有止泻作用。Usha等（2017）从木奶果的树叶中发现迷迭香素多酚具有明显抗炎和抗氧化活性。Nesa等（2018）和Usha等（2017）的研究表明了木奶果茎、叶和果肉甲醇提取物可拮抗卡拉胶的炎症作用，其抗炎作用可与对照药物双氯芬酸和布洛芬相媲美。除此外，张容鹄等（2016）研究了木奶果果皮多酚水浴振荡辅助提取工艺及其体外抗氧化活

性，发现木奶果果皮多酚对于DPPH自由基、ABTS自由基和超氧阴离子自由基最高清除率分别为90.6%、99.1%和61.9%，表明木奶果果皮多酚具有很强的抗氧化活性。Pan等（2015）从木奶果浆果中分离到3种化合物：Sapidide A、吡克罗昔明和苎麻苷，通过抗真菌活性研究，发现它们对植物炭疽病菌（胶孢炭疽菌*Colletotrichum gloeosporioides*）的最低抑菌浓度（MIC）分别为12.50 µg/mL、50.00 µg/mL和12.50 µg/mL。Bordoloi等（2017）从木奶果果实中分离出油酸和棕榈酸，并对条件致病菌链格孢菌*Alternaria alternata*和细极链格孢菌*Alternaria tenuissima*进行了抗真菌活性研究，取得了较好的效果。彭朝忠等（2005）研究发现木奶果水煎服后具有解菌毒的功效。木奶果还具有抗肿瘤的作用（杨献文，2006）。研究者先后使用体外美蓝检测法和小鼠体内S180瘤株对木奶果的水提取物进行抗肿瘤活性筛选，只有当体外显示有活性时才进行体内实验，结果显示木奶果的水提取物对肿瘤具有40%以上的抑制率（刘延泽等，2012）。

研究人员还不断在木奶果中发现新的化学成分，徐静等（2007）将木奶果根、叶和果实分别粉碎成粗粉，水蒸气蒸馏，石油醚萃取得挥发油，得到一种木奶果内酯（苎麻苷）的新倍半萜内酯化合物的结构；宁德生等（2014）采用常压柱色谱和重结晶相结合的分离方法，从木奶果的茎叶提取物的乙酸乙酯部分中分离得到8个化合物，分别为：(2S, 3S, 4R)-2-[(2R)-2-羟基二十烷酰胺基]-1, 3, 4-十八烷三醇、龙脑苷脂、(24S)-24-乙基胆甾醇-3β, 5α, 6β-三醇、豆甾醇-4-烯-3酮、7-氧代-β-谷甾醇、7α-甲氧基-西格玛斯特-5-烯-3β-醇、β-谷甾醇、胡萝卜苷，其中前6种化合物为首次从木奶果中发现。

综上所述，国内外学者对木奶果的研究主要集中在化学成分、药用价值等方面，但其他领域的研究并未深入。木奶果树目前大都尚处于零星栽培或野生状态，其野生种群稀少，并且其生长的植物群落人为干扰比较严重，现存数量越来越少，所以对野生木奶果生态学和生物学特性的基础研究是目前亟待解决的问题之一。并且，因木奶果具有特殊的光适应性，但相关的研究较少，特别是幼苗期的培育研究缺乏，难以得到优质的苗木，苗木培育困难也是阻碍木奶果推广应用的一大难题。同时，东南亚地区虽然具有丰富的木奶果野生种质资源，但国外极少有涉及木奶果种质资源的研究报道。我国木奶果果实性状差异性较大，罗培四等（2014）对广西木奶果种质资源进行了初步的调查，研究表明广西木奶果存在3个种群，并筛选出7个优良单株。由于木奶果种质资源和木奶果基因组学的研究基础薄弱，国内外至今无商业化优良品种，无大面积人工种植（罗浩城等，2017；罗培四等，2014）。木奶果基因组学的研究是木奶果种质资源研究的重要基础支撑，但目前木奶果基因组学的研究尚处于空白阶段，由于木奶果欠缺基因组学的研究，制约了木奶果的品种选育研究进展，影响了木奶果开展进一步的育种和品种改良、推广种植，导致木奶果的育种和园艺育种尚处于初级阶段。

第2章

木奶果的植物群落特征

2.1　植物群落特征研究进展

2.1.1　植物群落的研究内容

在19世纪初，就有学者了解到自然群落中的植物并不是毫无章法地堆砌起来，而往往展示出组合的规律性，植物群落外貌由此成为研究群落结构的切入点，这使得群落特征研究得到了快速的发展，在群落的物种组成、区系分布、年龄结构、生物多样性等方面的研究得以深入，并且逐步由定性描述向数量分析的方向发展（王琦，2012；文丽等，2015）。

群落物种组成是植物群落的基本特征，不但可以反映群落内部的生境条件，还可以体现群落形成的历史渊源与空间联系，并且是植物区系分析不可或缺的数据来源。准确而系统的群落植物名录可以清晰明了地体现群落中物种组成的状况。因此，群落生态学的研究通常是先从群落物种组成的分析开始的（王琦，2012）。

植物区系是某一地区在一定的地理环境与历史条件等因素共同影响下物种长期演化的结果（姬红利等，2019）。外部环境的改变通常对植物群落的发展具有重要的导向作用，植物对环境变化做出响应，从而形成一定的分布区及区系特征。处于同一分布区的植物具有相似的分布范围与形成历史，而同一个地区的植物却可能处于不同的植物分布区。植物区系可以体现出特定区域内物种组成的统一性及不同区域间物种组成的差异性（彭华等，2019）。

物种多样性体现植物群落中各物种在组成、结构等方面的区别，反映群落结构类型、发展阶段与生境的不同（Schmidt等，2015）。从有学者定义物种多样性的含义及规范其度量方法之后，相关领域的科研工作者就对物种多样性的概念、度量参数和成因等方面内容进行了深入研究，而且将物种多样性、均匀度及优势度系统结合来分析群落植物的物种多样性（Barna等，2015；Silva等，2016）。通常有α、β和γ三种多样性指

数，分别用于表征群落内、群落间及生物进化过程的物种多样性，这些参数的应用使得植物群落对环境的响应研究得到了快速发展（Averti等，2016；Joly等，2017；José等，2016；廉敏等，2020）。

种群年龄结构反映群落中的种群各年龄段个体占其种群总数的比例情况，它是林木更新状况的体现，分析种群年龄结构对于群落演替预测有着重要意义。但是，通常情况下，因为野外调查条件的艰难，由树木的外部特征难以准确判断树种的年龄，所以大多数学者会采用径级结构替代年龄结构进行种群年龄结构的研究。

2.1.2 亚热带森林不同演替阶段的群落特征变化

植物群落演替是一个十分复杂的过程，取决于植物物种自身的更新特性、外界环境以及物种的替代现象，所有的植物群落都要经历一个由先锋阶段向顶极阶段的演替过程，这个过程伴随群落特征的变化，这种动态变化反映了生态系统更新过程中群落环境的变化以及物种对环境变化的响应过程（Paterno等，2016）。群落特征反映演替阶段，处于不同的演替阶段的森林群落，其物种组成、群落结构、生物多样性等方面具有明显差异（范玮熠等，2014）。

对亚热带森林而言，学者们的研究发现，随着植被的演替，群落内光照、温度、水分及养分等微环境不断变化，其中光环境的变化尤为明显，使得光成为推动植物群落演替和进化的重要驱动因子（Ulrich等，2016）。林下往往分布着不同光适应性的植物，这些植物对光环境响应的差异使得群落的物种组成和多样性不断改变（Wu等，2019）。演替初期，因为缺少植被的覆盖与缓冲，林下光照强烈，不利于阴生树种的生长，阳性树种侵入并逐渐占据优势，群落物种数量及多样性缓慢增加。演替中期，随着乔木树种的成长，群落郁闭度适中，林下可以容纳更多的中生性和阴生性物种，这使群落物种数量和多样性在此阶段快速增加。演替后期，群落郁闭度进一步增加，郁闭的林分中大部分光被冠层所截获，光照强度明显下降，阳生性树种因其耐高光但不耐阴的特性，在林下弱光环境下难以维持种群的更新，与之相比，中生性树种的耐阴能力强，在林下弱光环境下也能正常生长，而逐渐成为群落的优势种，这阶段物种多样性稍有下降；最后，群落进入演替的顶级阶段，物种多样性保持相对稳定，此结论得到大多数研究的支持（zhao等，2019；yang等，2018；frouz等，2016）。

2.2 群落野外调查

2.2.1 群落调查点概况

本节研究中调查的木奶果生长群落样地位于广东省廉江市谢鞋山和广西壮族自治

区龙州县停扣山，两地环境条件概况如下。

谢鞋山样地（21°35′57″N，110°20′30″E），海拔108 m。亚热带海洋性季风气候，夏长冬暖，雨热同季，年均气温23.1℃，年均降水量1 724 mm，年均蒸发量1 526 mm，年均日照时数1 714 h（韩维栋等，2017）。当地木奶果生长的群落光环境实测遮阴率为83.39%。

停扣山样地（22°10′5″N，106°49′14″E），海拔491 m。南亚热带季风气候，热量丰富，雨量充沛，年均气温22.5℃，年均降水量1 311 mm，年均蒸发量1 112.8 mm，年均日照时数1 251 h（申文辉等，2016）。当地木奶果生长的群落光环境实测遮阴率为93.02%。

2.2.2 群落调查方法

2.2.2.1 样地设置与调查

2019年3月上旬，在谢鞋山和停扣山木奶果生长群落具有代表性的地段，各选取4个样方进行调查，对每个设置面积为20 m×20 m的样方区域进行植被清查，并在每个样方对角处设置2个5 m×5 m的灌木样方，在四角设置4个1 m×1 m的草本样方。在调查的样方内，记录乔木树种的种名、数量、高度、胸径、盖度等基本信息；灌木与草本植物则主要记录种名、丛数、盖度及高度。同时用GPS测量海拔及经纬度，记录样方所在地的地形条件和遮光率等环境因子。

2.2.2.2 植物分类方法

本节研究调查到的木奶果生长群落的植物的学名均参考中国植物物种信息系统（http://www.iplant.cn/）以及《中国植物志》（http://www.iplant.cn/frps），其中，蕨类植物的分类参考秦仁昌院士编写的《中国蕨类植物科属系统排列和历史来源》，被子植物的分类则参考APG Ⅳ分类系统（曾汉元等，2002）。

2.2.2.3 物种多样性指数计算方法

本节主要选取物种丰富度指数（S）、Shannon-Wiener多样性指数（H）、Simpson多样性指数（D）来分析群落物种多样性，选取Pielou均匀度指数（J）来分析群落物种个体组成的均匀度。

物种丰富度指数：S=样地中出现的物种数

Shannon-Wiener多样性指数：$H = -\sum_{i=1}^{s} P_i \log_2 P_i$

Simpson多样性指数：$D = 1 - \sum_{i=1}^{s} P_i^2$

Pielou均匀度指数：$J = H/H_{max}$

其中，P_i为第i个种在全体物种中的重要性比例，S为物种数，H指观察所得的物种多样性指数，$H_{max} = \ln S$。

2.2.2.4　植物区系分析方法

本节调查到的所有植物均参考吴征镒编撰的《世界种子植物科的分布区类型系统的修订》和《中国种子植物属的分布区类型》进行科、属的区系成分分析（吴征镒，2003；吴征镒，1991）。

2.2.2.5　重要值的计算方法

乔木层重要值=（相对多度+相对优势度+相对高度）/3；

灌木层和草本层重要值=（相对盖度+相对高度）/2；

相对多度=某个种的株数/所有种的总株数；

相对优势度=某个种的胸高断面积/所有种的胸高断面积之和；

相对高度=某个种的高度/所有种的总高度；

相对盖度=某个种的覆盖面积/样方面积。

2.2.2.6　径级结构的划分方法

本节研究树木的年龄结构利用径级结构代替，根据野外实地调查和相关文献将所调查的树木径级划分为5个等级（廉敏等，2020）：Ⅰ级，基径<5.0 cm；Ⅱ级，5.0 cm≤基径<10.0 cm；Ⅲ级，10.0 cm≤基径<20.0 cm；Ⅳ级，20.0 cm≤基径<30.0 cm；Ⅴ级，基径≥30.0 cm。

2.3　木奶果群落现状

2.3.1　群落物种组成与区系分析

2.3.1.1　群落物种组成特征

通过对野外木奶果生长的植物群落的实地调查，共记录所调查样地植物132种，隶属于59个科、116个属（表2-1）。其中大部分植物为被子植物（56科113属129种），占总物种数的97.73%，被子植物中双子叶植物（49科99属114种）又占了大部分。

表2-1　木奶果生长群落植物分类统计表

Table 2-1　Plant classification of *Baccaurea ramiflora* Lour. community

植物类群Plant taxa		科Families		属Genus		种Species	
		数量 Amount	比例 Proportion	数量 Amount	比例 Proportion	数量 Amount	比例 Proportion
蕨类植物 Pteridophyta		3	5.09%	3	2.59%	3	2.27%
裸子植物 Gymnospermae		—	—	—	—	—	—
被子植物 Angiospermae	双子叶植物 Dicotyledons	49	83.05%	99	85.34%	114	86.37%
	单子叶植物 Monocots	7	11.86%	14	12.07%	15	11.36%
合计sum		59	100%	116	100%	132	100%

从科的组成来看（附表1），在59个科中，含有物种数最多的为大戟科（16种）；其次为樟科和芸香科（均为8种）；含2～7种的科有21个，包括桑科、豆科和桃金娘科等，总计65个物种，占总物种数的49.24%；只含有1个物种的科有35个，如八角枫科、茶茱萸科、唇形科等，占总物种数的26.52%。

从属的组成看，在116个属中，含有物种数较多的为蒲桃属（4种）和榕属（3种）；含2个物种的属有11个，如土密树属、五月茶属、橄榄属等，占总物种数的16.67%；只含有1个物种的属有103个，如八角枫属、心翼果属、筋骨草属等，占总物种数的78.03%。

由表2-2可见，谢鞋山与停扣山两地木奶果生长的植物群落包含的物种数存在一定差异，谢鞋山木奶果生长群落共调查到维管植物32科53属87种，停扣山木奶果生长群落共调查到维管植物46科81属118种，停扣山木奶果生长群落物种数相比于谢鞋山要多。谢鞋山与停扣山木奶果生长的群落中包含3个种以上的科分别有6个和7个，两地有不少科类别是相同的，只是包含的物种数大小有所差异，其中大戟科、樟科、芸香科、无患子科和桃金娘科为两地共有的优势科。

表2-2　木奶果生长群落的物种组成

Table 2-2　The species composition of *Baccaurea ramiflora* Lour. community

样地 Location	科属种数量及占比Amount and proportion						3个种以上的科 Families with more than three species		
	科 Families	占比 Proportion	属 Genus	占比 Proportion	种 Species	占比 Proportion	科 Families	包含属数 Amount of genus	包含种数 Amount of species
谢鞋山 Xiexie Mountain	32	54.24%	53	45.69%	87	65.91%	樟科 Lauraceae	7	8
							大戟科 Euphorbiaceae	6	7
							芸香科 Rutaceae	4	6
							无患子科 Sapindaceae	3	3
							番荔枝科 Annonaceae	3	3
							桃金娘科 Myrtaceae	2	3
停扣山 Tingkou Mountain	45	76.27%	81	69.83%	118	89.39%	大戟科 Euphorbiaceae	12	14
							樟科 Lauraceae	6	7
							豆科 Leguminosae	5	5
							芸香科 Rutaceae	3	5
							桃金娘科 Myrtaceae	2	5
							无患子科 Sapindaceae	3	4
							桑科 Moraceae	3	3

2.3.1.2 群落物种多样性

由表2-3可知，两地木奶果生长的群落乔木层、灌木层、草本层的物种丰富度指数（S）总体趋势表现为乔木层>灌木层>草本层，Shannon-Wiener多样性指数（H）及Simpson多样性指数（D）、Pielou均匀度指数（J）指数均表现为灌木层>乔木层>草本层。其中，停扣山木奶果生长群落的各项多样性指标均高于谢鞋山。

表2-3 木奶果生长群落不同层次物种多样性指数

Table 2-3 Species diversity at different levels of *Baccaurea ramiflora* Lour. community

样地 Location	层次 Level	物种丰富度 指数	Shannon-Wiener多样性 指数	Simpson多样性 指数	Pielou均匀度 指数
谢鞋山 Xiexie Mountain	乔木层 arbor laycr	45	2.42	0.68	0.63
	灌木层 shrub layer	39	2.70	0.75	0.69
	草本层 herb layer	19	1.85	0.60	0.55
停扣山 Tingkou Mountain	乔木层 arbor layer	58	2.52	0.76	0.69
	灌木层 shrub laycr	54	2.82	0.81	0.79
	草本层 herb layer	27	1.93	0.66	0.61

2.3.1.3 植物区系分析

依据吴征镒院士归纳的区系分析方法，可将谢鞋山调查到的木奶果生长群落种子植物32个科划分为9个分布型，53个属划分为10个分布型（表2-4）；停扣山调查到的木奶果生长群落种子植物45个科划分为10个分布型，81个属划分为12个分布型（表2-5）。

从科的分布型来看，两地调查结果均显示热带成分的科多于世界广布和温带成分的科，占到总科数的75%以上。其中，又以泛热带分布的科最多，约占总科数的60%。

表2-4 谢鞋山木奶果生长群落植物的科属分布类型

Table 2-4 The areal-types of families and genus of plants in Xiexie Mountain

分布区类型 Areal-types	科数 No. of families	科的占比 Percentage of families（%）	属数 No. of genera	属的占比 Percentage of genera（%）
1.广布（世界广布，Widespread=Cosmopolitan）	4	12.50	0	0
2.泛热带（热带广布Pantropic）	20	62.50	9	16.98
3.东亚（热带、亚热带）及热带南美间断（Trop. & Subtr. E. Asia &（S.）Trop. Amer. disjuncted）	1	3.13	3	5.66
4.旧世界热带（Old World Tropics=OW Trop.）	2	6.25	7	13.21
5.热带亚洲至热带大洋洲 （Trop. Asia to Trop. Australasia Oceania）	1	3.13	5	9.43
6.热带亚洲至热带非洲（Trop. Asia to Trop. Africa）	1	3.13	3	5.66
7.热带亚洲（即热带东南亚至印度-马来西亚，太平洋诸岛）（Trop. Asia=Trop. SE. Asia+Indo-Malaya+Trop. S. & SW. Pacific Isl.）	1	3.13	22	41.51
热带小计Subtotal of Tropical（2~7）	26	81.25	49	92.45
8.北温带（N. Temp.）	0	0	0	0
9.东亚及北美间断（E. Asia & N. Amer. disjuncted）	1	3.13	1	1.89
10.旧世界温带（Old World Temp.=Temp. Eurasia）	0	0	1	1.89
11.温带亚洲（Temp. Asia）	0	0	0	0
12.地中海区、西亚至中亚（Medit.，W. to C. Asia）	0	0	1	1.89
13.中亚（C. Asia）	0	0	0	0
14.东亚（E. Asia）	1	3.13	1	1.89
温带小计Subtotal of Temperate（8~14）	2	6.25	4	7.55
15.中国特有（Endemic to China）	0	0	0	0
合计Total	32	100.00	53	100.00

　　属的区系组成与科区系组成有所相似，两地也均表现出热带成分占比最多，谢鞋山与停扣山植物区系热带与温带成分之比分别为12.25：1和12：1。但相比于科的区系组成，两地属的区系组成中热带成分占比更大，占总属数的90%左右。其中，热带亚洲

（即热带东南亚至印度-马来西亚，太平洋诸岛）分布的属占比最大，其次为泛热带分布。另外，停扣山属的分布类型中有中国特有分布属2个，为蚬木属和单枝竹属，而谢鞋山木奶果生长群落则未发现中国特有属。

表2-5　停扣山木奶果生长群落植物的科属分布类型

Table 2-5　The areal-types of families and genus of plants in Tingkou Mountain

分布区类型 Areal-types	科数 No. of families	科的占比 Percentage of families（%）	属数 No. of genera	属的占比 Percentage of genera（%）
1.广布（世界广布，Widespread=Cosmopolitan）	8	17.78	1	1.23
2.泛热带（热带广布Pantropic）	25	55.56	17	20.99
3.东亚（热带、亚热带）及热带南美间断（Trop. & Subtr. E. Asia &（S.）Trop. Amer. disjuncted）	2	4.44	4	4.94
4.旧世界热带（Old World Tropics=OW Trop.）	3	6.67	11	13.58
5.热带亚洲至热带大洋洲 （Trop. Asia to Trop. Australasia Oceania）	1	2.22	7	8.64
6.热带亚洲至热带非洲 （Trop. Asia to Trop. Africa）	1	2.22	5	6.17
7.热带亚洲（即热带东南亚至印度-马来西亚，太平洋诸岛）（Trop. Asia=Trop. SE. Asia+Indo-Malaya+Trop. S. & SW. Pacific Isl.）	2	4.44	28	34.57
热带小计Subtotal of Tropical（2~7）	34	75.56	72	88.89
8.北温带（N. Temp.）	1	2.22	0	0
9.东亚及北美间断（E. Asia & N. Amer. disjuncted）	1	2.22	2	2.47
10.旧世界温带（Old World Temp. =Temp. Eurasia）	0	0	1	1.23
11.温带亚洲（Temp. Asia）	0	0	0	0.00
12.地中海区、西亚至中亚（Medit.，W. to C. Asia）	0	0	1	1.23
13.中亚（C. Asia）	0	0	0	0
14.东亚（E. Asia）	1	2.22	2	2.47
温带小计Subtotal of Temperate（8~14）	3	6.67	6	7.41
15.中国特有（Endemic to China）	0	0	2	2.47
合计Total	45	100.00	81	100.00

2.3.2 群落结构特征

2.3.2.1 优势种组成

根据样地调查的数据，统计得出木奶果生长群落各层主要物种的重要值（表2-6），木奶果生长群落的垂直结构层次清晰，可划分为乔木层、灌木层和草本层。木奶果在谢鞋山和停扣山两地群落中均不是最大优势种。谢鞋山样地乔木层主要树种中，荔枝重要值最大，其后依次为乌榄、木奶果、橄榄、细子龙、粗糠树、假苹婆、山杜英；停扣山样地乔木层主要树种中，山杜英重要值最大，其后依次为粗糠树、假苹婆、木奶果、龙眼、柚、黑壳楠、木姜子。其中，山杜英、木奶果、粗糠树和假苹婆为两地共有的乔木层优势种，谢鞋山木奶果生长群落乔木层优势种以阳生性树种为主，阳生性树种重要值百分率之和达60.77%；停扣山木奶果生长群落乔木层优势种则以中生性树种为主，中生性树种重要值百分率之和达66.43%。

对于灌木层，谢鞋山样地调查结果显示罗伞树为此层最大优势种，山杜英及假苹婆幼树在灌木层也占有较大优势；而停扣山样地调查结果显示其灌木层最大优势种为对叶榕，其次为水东哥、罗伞树、斜叶榕及青藤仔。两地草本层主要植被中也发现有共有种，即海芋和淡竹叶，谢鞋山草本层优势种为海芋和露兜草，停扣山草本层优势种为假蒟和毛蕨。

表2-6　木奶果生长的群落乔灌草层主要植物重要值

Table 2-6　Important values of main plants in each layer of *Baccaurea ramiflora* Lour. community

层次 Level	序号 Serial number	谢鞋山样地Xiexie Mountain			停扣山样地Tingkou Mountain		
		种名 Species	拉丁学名 Latin name	重要值 Important value（%）	种名 Species	拉丁学名 Latin name	重要值 Important value（%）
乔木层 Arbor layer	1	荔枝	*Litchi chinensis*	21.17	山杜英	*Elaeocarpus sylvestris*	18.21
	2	乌榄	*Canarium pimela*	18.26	粗糠树	*Ehretia dicksonii*	15.42
	3	木奶果	*Baccaurea ramiflora* Lour.	12.73	假苹婆	*Sterculia lanceolata*	10.72
	4	橄榄	*Canarium album*	11.66	木奶果	*Baccaurea ramiflora* Lour.	10.53
	5	细子龙	*Amesiodendron chinense*	9.68	龙眼	*Dimocarpus longan*	9.48

（续表）

层次 Level	序号 Serial number	谢鞋山样地Xiexie Mountain			停扣山样地Tingkou Mountain		
		种名 Species	拉丁学名 Latin name	重要值 Important value （%）	种名 Species	拉丁学名 Latin name	重要值 Important value （%）
乔木层 Arbor layer	6	粗糠树	*Ehretia dicksonii*	8.47	柚	*Citrus maxima*	9.16
	7	假苹婆	*Sterculia lanceolata*	7.43	黑壳楠	*Lindera megaphylla*	6.14
	8	山杜英	*Elaeocarpus sylvestris*	5.03	木姜子	*Litsea pungens*	5.41
阳生性树种重要值百分率之和（%） Total of Important value percent of heliophytes（%）				60.77			18.59
中生性树种重要值百分率之和（%） Total of Important value percent of mesophytes（%）				33.66			66.43
灌木层 Shrub layer	1	罗伞树	*Ardisia quinquegona*	22.26	对叶榕	*Ficus hispida*	18.41
	2	九节	*Psychotria asiatica*	17.70	水东哥	*Saurauia tristyla*	15.64
	3	紫玉盘	*Uvaria macrophylla*	15.13	罗伞树	*Ardisia quinquegona*	10.89
	4	山杜英	*Elaeocarpus sylvestris*	10.14	斜叶榕	*Ficus tinctoria*	8.97
	5	假苹婆	*Litsea pungens*	8.51	青藤仔	*Jasminum nervosum*	5.35
草本层 Herb layer	1	海芋	*Alocasia odora*	30.31	假蒟	*Piper sarmentosum*	35.26
	2	露兜草	*Pandanus austrosinensis*	22.64	毛蕨	*Cyclosorus interruptus*	22.62
	3	单穗鱼尾葵	*Caryota monostachya*	15.17	海芋	*Alocasia odora*	11.43
	4	狮子尾	*Rhaphidophora hongkongensis*	8.83	淡竹叶	*Lophatherum gracile*	6.03
	5	淡竹叶	*Lophatherum gracile*	7.55	山蒟	*Piper hancei*	3.18

2.3.2.2 群落的年龄（径级）结构

对两地木奶果生长的群落乔木层的优势树种进行年龄（径级）结构分析，结果显示（图2-1和图2-2）：虽然谢鞋山和停扣山木奶果种群的径级结构分布有些差异，但两地都存在一定数量的Ⅰ、Ⅱ级苗木，尤其是停扣山Ⅰ级幼苗占比较多，说明木奶果能够在野外天然条件下自我更新。

谢鞋山样地乔木层优势树种中，对阳生性树种而言，除细子龙种群各径级树木分布相对均匀，为稳定型种群，其余大部分阳生性树种（荔枝、乌榄、橄榄）均呈现Ⅳ级和Ⅴ级的大树占比较多，而Ⅰ、Ⅱ级苗木数量较少，种群年龄结构呈现倒金字塔形，总体上为衰退型种群，老树衰亡过程中会因为没有幼树的补充而逐渐退出群落；而中生性树种（粗糠树、假苹婆、山杜英）则呈现幼苗与小树占比多于大树，种群年龄结构呈现正金字塔形，为增长型种群。

停扣山样地乔木层优势树种中，山杜英种群各径级树木的数量分布较为均匀，会在一定时间内保持稳定。黑壳楠种群Ⅱ、Ⅲ、Ⅳ、Ⅴ级树木数量分布较为均匀，但未发现径级Ⅰ级的幼苗，若长期如此，可能会因无幼苗的补充而使得种群变为衰退型。其余中生性树种（粗糠树、假苹婆、木姜子）种群总体上幼树占比多于大树，为增长型种群；阳生性树种（龙眼、柚）种群大树占比多于幼树，为衰退型种群。

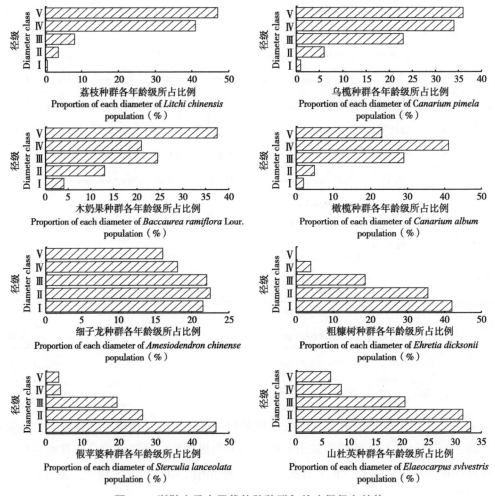

图2-1　谢鞋山乔木层优势种种群年龄（径级）结构

Fig. 2-1　The age（diameter class）structure of the dominant species in arbor layer of Xiexie Mountain

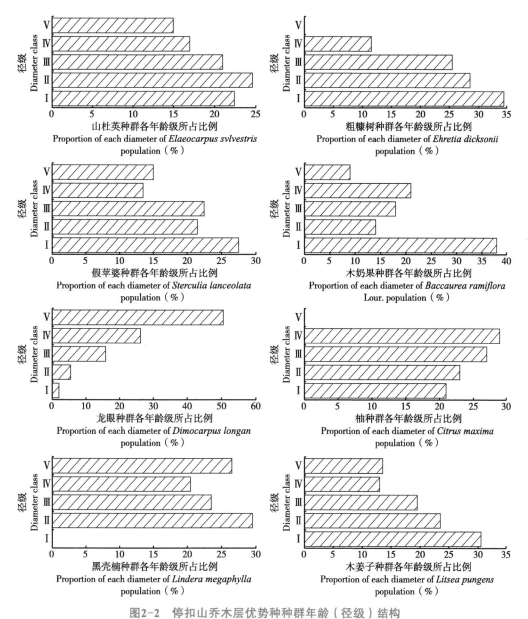

图2-2　停扣山乔木层优势种种群年龄（径级）结构

Fig. 2-2　The age（diameter class）structure of the dominant species in arbor layer of Tingkou Mountain

2.4　木奶果群落特征

2.4.1　群落组成与区系分析

群落的物种组成不但反映植物的群落特征，而且还反映环境对物种生存与生长的影响，是群落最基本的特征，也是群落生态学研究的基础（王荷生等，1994；龙婷等，

2020；宫珂等，2019）。谢鞋山和停扣山木奶果生长的群落调查发现维管植物132种，隶属于59个科、116个属，与热带和亚热带的其他地区森林物种调查结果相比，群落物种稍显贫乏，但高于绝大多数温带地区森林群落调查结果（叶万辉等，2008；许涵等，2015；赵娜等，2018；唐志尧等，2019；徐畅等，2011）。两地木奶果生长群落有不少共有科，如大戟科、樟科、芸香科、无患子科、桃金娘科等优势科，说明这些科为木奶果生长群落的常见优势科，这与同处南亚热带的罗浮山（徐颂军等，1994）、弄岗自然保护区（吴望辉，2011）等地的群落优势科非常相似，是亚洲热带雨林向亚热带常绿阔叶林过渡的类型，属于南亚热带季风常绿阔叶林。群落中含较多物种的大型属少，含少量物种的小型属多，属内种的分化不明显。这和热带与亚热带雨林中的属种关系规律一致，即单种属和寡种属优势明显（谢春平等，2011）。

植物群落是在特定生境下生物种和环境长期相互作用演化而形成的一个自然系统，对群落中科、属的地理成分分析能够为探讨群落区系性质与起源提供科学依据（宋永昌等，2004）。笔者的调查结果显示木奶果生长的群落种子植物的区系种类丰富多样，地理成分较为复杂，与世界各地植物区系有着广泛的联系，植物区系组成中热带成分的科属比例明显高于温带成分，且具有樟科、桃金娘科等热带仅延伸入亚热带的科，符合亚热带植被中热带科较多的特点（吴征镒，1979）。谢鞋山和停扣山木奶果生长的植物群落都以热带区系成分为主，其中又以泛热带分布和热带亚洲分布所占的比例最大，同时也有少量的温带成分，这与两地地处热带与亚热带交界地带的特殊地理位置有关。总体上，两地木奶果生长群落的种子植物区系特点与同处南亚热带的鼎湖山、弄岗自然保护区等地的群落调查结果较为相似，都有以泛热带分布科、属占优势，中国特有分布科、属少，裸子植物较少以及单种科、寡种科多的特点，仅在各地理成分所占的比重上略有差异。

物种多样性可以度量一个群落结构和功能的复杂性，并反映群落及其环境的保护状况（Hector等，2007；Byrnes等，2013）。群落内的多样性包括物种丰富度指数（S）、Simpson多样性指数（D）、Shannon-Wiener多样性指数（H）及Pielou均匀度指数（J），是从物种组成的角度研究群落的组成和结构的多样化程度（郝占庆等，2001）。比较木奶果生长群落不同层次的物种多样性，结果显示乔木层物种丰富度最高，灌木层和草本层丰富度相对较低。这与多数亚热带（彭少麟等，1983）或南亚热带（朱锦懋等，1997）自然森林生态系统各层次物种多样性的分布格局相同。通常，亚热带发育成熟的天然森林群落，因为乔木层郁闭度高，导致灌木层与草本层发育不良、多样性偏低。但也有研究表明，未达到演替顶级阶段的亚热带森林内林冠层下面能够容纳较高的物种多样性，其灌木层多样性指数最高，其次为乔木层（游水生等，1996；彭少麟等，1989）。谢鞋山和停扣山木奶果生长群落灌木层的多样性与均匀度指数略高于乔木层，说明两地木奶果生长群落还不是成熟的稳定群落，还处于某个演替发育阶段，乔木层还没有发育成熟，没有形成郁闭度高的致密层次，灌木层可以较好地发育。

另外，比对分析两地木奶果生长群落的物种组成与多样性，发现停扣山木奶果生长群落物种数及群落各层多样性指数均高于谢鞋山木奶果生长群落，而在自然条件下，亚热带常绿阔叶林的演替趋于物种多样性和均匀度的提高（彭少麟等，1989），说明停扣山木奶果生长群落的演替阶段可能在谢鞋山木奶果生长群落之后。通常，处于不同演替阶段的植物群落，其物种组成有一定的差异，并且阶段相隔越远差异越大（袁金凤等，2011）。本节研究调查结果显示两地木奶果生长群落的物种数量虽有差异，但存在着很多共有的物种，尤其是优势科的组成上相似度很高，可见两地木奶果生长群落的演替阶段比较相近。而对我国南亚热带地区森林群落而言，随着演替的正向进行，植物群落的科属种数量逐渐增加，但是增速逐渐放缓，特别是在进入常绿阔叶林后，由于内部竞争逐渐加剧，物种各自占据相应的生态位，物种侵入比演替前期困难，所以物种数增加速率有所缓和（Paterno等，2016）。这就使得亚热带森林群落在演替后期的中龄林和近熟林阶段的物种组成变化并不明显（Haeussler等，2017）。在上述对木奶果生长群落物种组成及区系的分析上，已知其群落已经进入常绿阔叶林阶段；在群落各个层次的多样性分析上，又可知其群落未达演替顶级阶段，两地物种组成之间的差异并不大，很可能是处于亚热带森林群落演替后期的中龄林或近熟林阶段，但具体演替阶段的判断还需另作分析。

2.4.2 不同龄组木奶果阴生与阳生特征分析

将群落调查到的木奶果径Ⅰ、Ⅱ级归为幼龄；Ⅲ、Ⅳ级归为中龄；Ⅴ级归为老龄，研究不同龄组下木奶果叶片比叶面积、叶绿素/单位面积、叶绿素a/b值等阴生与阳生植物特征指标的变化。由表2-7可见，所观测的3项指标在龄组间均存在极显著差异，比叶面积和叶绿素a/b值在种源间有极显著差异，种源与龄组的交互作用对木奶果阴生与阳生特征指标无显著的影响。

由图2-3、图2-4和图2-5可见，随着木奶果年龄的增长，谢鞋山与停扣山两地木奶果比叶面积、叶绿素/单位面积均不断下降，叶绿素a/b值不断增大。其中，中龄木奶果比叶面积显著低于幼龄时期，叶绿素a/b值在幼龄、中龄、老龄间差异显著。另外，木奶果的比叶面积和叶绿素a/b值在两种源之间也存在差异，谢鞋山木奶果的比叶面积显著低于停扣山木奶果，叶绿素a/b值显著高于停扣山木奶果，均说明谢鞋山木奶果的阳生特征比停扣山木奶果更显著。

表2-7　不同龄组下两种源木奶果阴生与阳生特征指标的双因素方差分析

Table 2-7　Two-way ANOVA analysis of light adaptability indicators of two provenances of *Baccaurea ramiflora* Lour. in different age groups

变异来源 Sources of variation	自由度 df	比叶面积 Specific leaf area （cm² · g⁻¹）	叶绿素/单位面积 Chlorophyll content per unit area （μg · mm⁻²）	叶绿素a/b值 Chlorophyll a/b value
种源Provenance	1	87.70**	2.20	9.60**
龄组Age groups	2	68.82**	8.74**	30.00**
种源×龄组 Provenance×Age groups	2	1.84	0.03	0.30

注："*"表示差异显著，$P<0.05$；"**"表示差异极显著，$P<0.01$。

Notes："*" means significant difference at $P<0.05$ level；"**" means extremely significant difference at $P<0.01$ level.

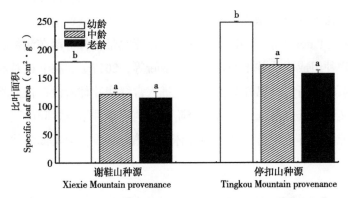

图2-3　龄组对木奶果比叶面积的影响（平均值±标准误差）

Fig. 2-3　Effect of age on specific leaf area of *Baccaurea ramiflora* Lour.（mean±SE）

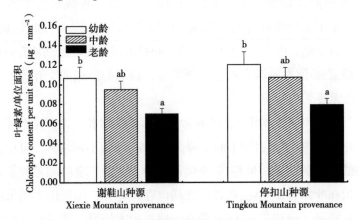

图2-4　龄组对木奶果叶片单位面积叶绿素的影响（平均值±标准误差）

Fig. 2-4　Effect of age on Chlorophyll content per unit area of *Baccaurea ramiflora* Lour.（mean±SE）

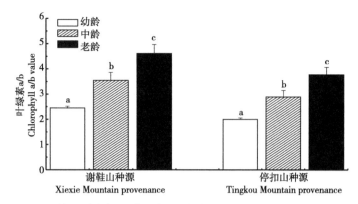

图2-5　龄组对木奶果叶绿素a/b值的影响（平均值±标准误差）

Fig. 2-5　Effect of age on Chlorophyll a/b value of *Baccaurea ramiflora* Lour.（mean±SE）

2.4.3　群落结构与演替分析

森林群落的演替通常以群落结构的变化为表现特征，且首先呈现为种类结构的变化（汪殿蓓等，2003），因此可以通过群落种类结构的变化来判断群落演替现状。亚热带（张家城等，2000）和南亚热带（彭少麟等，1998）森林群落演替过程可以依据优势种的组成分成以下6个阶段。

①针叶林阶段。

②以针叶树种为主的针阔混交林阶段。

③以阳生性阔叶树为主的针阔混交林阶段。

④以阳生性树种为主的常绿阔叶林阶段。

⑤以中生性树种为主的偏中生常绿阔叶林阶段。

⑥以中生性树种为主的中生常绿阔叶林阶段（即顶极群落）。

依据上述演替模式，结合木奶果生长群落优势种的组成成分（谢鞋山乔木层优势树种以阳生性树种为主，停扣山乔木层优势树种以中生性树种为主），可以判断两地木奶果生长的群落处于不同演替期。谢鞋山木奶果生长群落处于第4阶段，即以阳生性树种（荔枝、乌榄、橄榄、细子龙等）为主的常绿阔叶林；停扣山木奶果生长群落处于第5阶段，即以中生性树种（山杜英、粗糠树、假苹婆、黑壳楠、木姜子等）为主的偏中生常绿阔叶林。通常，森林群落在自然条件下是遵循一定客观规律趋于更优化的气候顶级群落演替的（任海等，1999），演替过程中，光的变化被认为是驱动森林演替的最主要的因子（Koike等，2001；Walters等，1996）。在亚热带森林中，因为树木对光分配的影响创造了不同的光环境，在这些微环境中分布着不同光适应性的植物，植物光适应性的差异则是驱动森林演替的一个主要机理（Zhao等，2019；毛培利，2007；Poorter等，2003）。本节研究中，谢鞋山与停扣山木奶果生长的植物群落处于演替的不同阶

段，光环境有较大差异，在光因子的驱动下，以阳生性树种为主的植物群落被以中生性树种为主的植物群落所替代，体现了光对植物群落演替的驱动作用。

群落径级结构是群落结构的主要特征，能够预测群落结构的形成和演替趋势（赵丽娟等，2013）。乔木层优势种作为群落的重要组成，其径级结构不仅对群落结构有直接影响，而且在一定程度上可以体现群落的发展趋势，对群落的未来发展起决定作用（杨同辉等，2005）。本节研究谢鞋山木奶果生长的群落中，作为乔木层主要优势种的大多数阳生性树种表现出衰退趋势，随着时间的推移，它们的控制地位会逐步削弱，最终会从群落中退出，这些乔木层的优势物种径级结构出现衰退现象，表明群落尚未达到稳定状态，群落结构组成正在发生变化（韩路等，2019）。谢鞋山木奶果生长群落乔木层优势种中，中生性主要种群粗糠树等为增长型种群，随着演替的进行，它们可能逐渐取代阳生性树种成为乔木层主要优势种，从而使得群落由以阳生性树种为主的常绿阔叶林转为以中生性树种为主的偏中生常绿阔叶林。而停扣山木奶果生长的群落乔木层优势种中的大部分中生性树种呈稳定增长的趋势，阳生性树种有继续衰退趋势，可能会发展成为以中生性树种为主的中生常绿阔叶林，即达到演替的顶级阶段。谢鞋山的木奶果幼苗数量较停扣山少，由于处于演替第4阶段的谢鞋山木奶果生长群落光照条件比处于演替第5阶段的停扣山木奶果强，这不利于其幼苗的生长。随着演替的发展，遮阴条件改善，幼苗的数量可能会逐步增加，从而形成群落中稳定的增长型种群。

2.4.4　木奶果在不同年龄段的阴生与阳生特征分析

阴生植物是指在弱光下生长得比在强光下要好的植物；阳生植物是指在强光环境下生长良好，而在弱光环境中生长不良的植物（邵世光，1992）。但所谓的阴生植物与阳生植物其实没有绝对的界限，只是阴生植物与阳生植物在形态结构和生理上的某些指标（如比叶面积、叶绿素/单位面积、叶绿素a/b值）有较大的差异，因此这些指标大致可以作为阴生、阳生特征指标，用于判断某一植物的阴生与阳生特性（陈秀华，2007；黄秋婵等，2009；王丽芳等，2014）。通常情况下，阴生植物与阳生植物相比，叶绿素含量较高，叶绿素/单位面积大，叶绿素b相对含量较多（即叶绿素a/b低），使得阴生植物在阴暗环境中比阳生植物更便于吸收光线（储钟稀等，1980）。本节研究的试验结果发现，从幼龄到老龄，木奶果叶片单位面积的叶绿素含量呈下降趋势，叶绿素b相对含量也一直减少，叶绿素a/b值升高，可见木奶果的阴生特性逐渐褪去。另外，比叶面积是单位干重的叶面积值，其值越小，叶片越厚。阳生植物的叶片上通常覆盖着一层很厚的角质层，使其可以避免强光伤害，在强光下依然能生长良好；阴生植物则常常使叶片变薄以增加单位叶面积，来捕获更多光能进行光合作用，所以阳生植物的比叶面积要比阴生植物的小（魏跟东，2007）。本节对木奶果在不同龄组下比叶面积进行探讨，发现随着木奶果年龄的增长，其比叶面积值不断降低，从幼龄成长到中龄时，更是显著下降。说明木奶果在从幼苗逐渐变成成年树木过程中，其叶片由薄变厚，开始覆盖起角质层，适应强光环境的能力快速提高，阳生特性逐渐显露，中龄时期已基本上成长为阳生树种。谢鞋山与停扣山两地木奶果在某些阴生、阳生特征指标上表现出了差异，谢鞋山木奶果的阳生特征比停扣山木奶果显著，可能与两地木奶果生长的群落所处的演替阶段不同，从而造成光环境的差异有关，处于演替第4阶段的谢鞋山木奶果生长群落光照条件比处于演替第5阶段的停扣山木奶果强，长期强光的环境会促使其逐渐形成适应性，表现出更明显的阳生特征。

第 3 章

木奶果的栽培技术

3.1 木奶果的繁殖

3.1.1 种子繁殖

7月果熟期，采用现采现播（清洗果肉、洗净种子）方式播于沙床，浅埋种子，盖60%遮阴网，一周喷洒一次多菌灵。10~20天基本出芽，出芽率约达93%，与胡建香等（2003）研究的发芽率86%~94%相似。当长出2片幼叶时（高约5 cm）即可按袋育苗管理。

3.1.2 扦插繁殖

3—5月采集木奶果两年生以上枝条进行扦插，扦插基质为黏性较好的红壤土或者黄壤土，将枝条长度剪成15 cm，枝条基部剪为15°斜口状，用500 mg·kg^{-1}的萘乙酸浸泡20 min，浸泡后的枝条扦插于基质中，朝南方向60°斜插，扦插的行距为20~22 cm，插入的深度为5~7 cm；扦插后用广谱杀菌剂喷洒插条；上方1 m处覆盖第一层遮阴网，遮阴率为60%；上方2 m处再设置第二层遮阴网，遮阴率为60%，进行双层遮阴；90天后撤去第一层遮阴网。

3.1.3 高压繁殖

参考胡建香等（2003）高压繁殖，选取两年生长良好的枝条，环割1.5 cm左右，深至木质部，木奶果树汁流干后在环割处蘸上500 mg·kg^{-1} ABT，外用卫生纸保湿，再用稀泥包在环割处（稀泥大概以成年男性拳头握住为佳），然后在稀泥外撒上联苯菊酯预防白蚁等害虫，外用保鲜膜包紧，最后用黑色薄膜包紧两端捆扎好，30天左右出现愈伤组织，60天左右即可剪下栽培，成功率可达83%。

3.1.4 嫁接繁殖

通常以本地木奶果种子播种的一年生实生苗为砧木，茎干达到0.8 cm左右。通过芽接方式嫁接好的优良品种，一年内能愈合生长，且能抽梢两次以上，第二年可以移栽。

3.2 植物光适应性研究的意义

光是植物生命活动中最重要的生态因子之一，也是影响植物光合作用的决定性因素（刘建锋等，2011；Pan等，2016）。国内外科研工作者很早就开展了植物光适应性的研究。众多结论表明，植物在不适宜的光强条件下，生长发育的各个方面会受到抑制，形成光胁迫（张吉顺等，2016）。植物在受到光照胁迫时，会调整形态结构及生物量分配，其中叶的可塑性最大，同时植物的生理及光合指标也会发生改变（Semchenko等，2012；唐钢梁等，2013；刘峰等，2014）。随着人们对植物生长习性认识的加深，很多学者开始通过人工制造遮阴环境来研究不同光强对植物苗木培育的影响。有学者指出，在中国热带与亚热带地区，强烈的夏季光照是影响苗木生长发育的关键因素，对其形态生长、生理代谢及光合作用等都会产生重要的影响，适当的遮阴则利于苗木的生长发育（李峰卿等，2017）。国内外的许多学者对植物进行人工遮阴，通过观察植株生长、生理及光合特性的变化，了解了不同植物对不同光照环境的适应性，在指导生产实践中植物的栽培、园林绿化等方面做出了重要贡献。

3.2.1 遮阴对植物生长的影响

光的强弱对植物的生长发育有着不同的影响，强光和弱光环境都可能一定程度上抑制植物的生长，不同植物对有光有着不同的适应性（Kavga等，2019；Martins等，2015）。有关研究表明，在遮阴处理后，阴生植物将扩大叶面积、提升株高与节间距以利于吸收到更多的光能（Yazici等，2018），但阳生植物在遮阴处理后叶面积通常会缩小（Miao等，2016）。生物量的累积与分配是植物对光照响应的外在体现，适当的遮阴可以促进植株生物量的累积（代大川等，2020；Nam等，2017）。在不遮阴的强光条件下，植物会将生物量更多地分配到地下部分，即促进地下部分的根发育以获取足够的水分与养分；弱光条件下，植物会提升地上部分的比例，如提高叶生物量以捕获更多的光能（王艺等，2010）。

可见遮阴对植物生长的影响具体表现在植物的外部形态上，主要影响其株高、地径、叶面积、生物量的积累等，这些均最直接反映植物生长状况且易于观测，常被作为研究遮阴对植物影响研究的生物指标。

3.2.2 遮阴对植物生理特性的影响

大量研究显示，弱光条件下，植物会提高叶绿素总含量和叶绿素b的相对含量以提

升对光的捕获能力，而强光环境下，植物则会提高叶绿素a的相对含量来增强其对光能的利用（马天光等，2018）。光胁迫会促进植物细胞内氧自由基的累积，从而造成膜脂的过氧化作用，致使植物细胞受损，严重时导致个体的死亡（Chen等，2017）。丙二醛（MDA）作为膜脂过氧化的产物，具有很强的细胞毒性，它的积累会破坏纤维素、蛋白质及核酸等物质，因此其含量高低能够一定程度上表征植物受胁迫的严重情况（孙帅等，2018）。另外，抗氧化酶在植物膜系统的保护中也扮演着十分重要的角色，植物通过升高膜保护酶如过氧化氢酶（CAT）、过氧化物酶（POD）、超氧化物歧化酶（SOD）的活性以维持自由基产生和消除的平衡状态，进而达到保护膜结构的目的（李韦柳等，2017），因此，抗氧化酶活性的高低也能够反映植物对光胁迫的响应情况。不同光照条件也会影响植物细胞膜的通透性，受到光胁迫时，植物细胞膜的通透性变大，细胞膜内的电解质将渗出，相对电导率提高（杨亚男等，2017）。此时植物处于渗透失调状态，其体内原本处于相对稳定状态的渗透调节物（如可溶性糖、可溶性蛋白、脯氨酸等）的含量则会发生调动以维持细胞膜内外渗透压的平衡（Hu等，2016）。可见，植物叶片中的叶绿素含量、丙二醛、膜保护酶、脯氨酸等生理指标会因遮阴程度的不同而发生相应的调整，均是研究植物对遮阴生理响应机理的重要参考指标。光对植物的生长发育有着十分重要的影响，木奶果是一种在苗木期与成熟期对光环境具有不同适应性的树种，苗木培育困难一直制约着它的推广应用，迫切需要对其光适应性展开研究。国内外学者在植物对光的生态适应研究方面做了相当多的工作，为试验方法的确定提供了参考。但是，对木奶果这类具有特殊光适应性植物的研究还比较贫乏。另外，在热带与亚热带地区森林群落的研究中发现，植物固有的光适应性差异是驱动森林演替的一个重要因素，植物的光适应性与其更新方式、所处的演替阶段密切相关。木奶果作为亚热带地区具有特殊光适应性的典型树种，对光的生态适应能力影响了其在林内的更新和演替。结合野外调查与栽培实验研究木奶果从幼苗期到成熟期的光适应特点，有利于更深入了解这类植物对光的特殊适应性及其在群落演替中的更新与发展情况。

3.3　木奶果的幼苗栽培技术

3.3.1　试验地概况

试验地位于广东省湛江市三岭山森林公园植物研究所（21°11′25″N，110°19′41″E），海拔58 m。研究区域为北热带海洋性季风气候，春秋短，炎夏漫长，冬季温和宜人，偶有霜冻，年平均气温23℃，最高月（7月）平均气温28.7℃，极端高温38.8℃，最低月（1月）平均气温15.6℃，极端低温−1.4℃；每年5—9月为雨季，年降水量1 417～1 802 mm，年均蒸发量1 803.6 mm，年均相对湿度83%；日照较强，年均日照时数1 900 h（广东三岭山森林公园管理处，2013）。

3.3.2 试验材料

试验苗木：由广东三岭山森林公园植物研究所提供的广东廉江谢鞋山与广西龙州停扣山2年生木奶果幼苗。

试验用盆：市售不透光的育苗盆，口径28 cm，高25 cm。

试验用土：盆栽用土为广东三岭山森林公园育苗土，土壤有机质含量为14.18 g·kg^{-1}，全氮1.34 g·kg^{-1}，速效磷6.12 mg·kg^{-1}，速效钾63.08 mg·kg^{-1}，pH值为6.07。

遮阴用网：市场上常售的3针、4针、6针、8针黑色遮阴网，具体遮光率由深达威SW-582型数字光照度计实测分别为45.3%，69.2%，80.0%，90.2%。

3.3.3 试验方法

遮阴试验在户外进行，共5个处理，对每个处理下的两地种源各设置10个重复，以无遮阴（即全光照CK）为对照，其余处理分别为3针遮阴网（S3）、4针遮阴网（S4）、6针遮阴网（S6）、8针遮阴网（S8）。遮阴试验开始前，木奶果幼苗已统一置于同一环境进行盆栽适应，于2019年3月中旬分别选取50株长势一致的两地木奶果幼苗，共计100株，随机分成5组，分别置于5种不同光照环境下培养。各盆之间间隔适当距离以避免叶片之间的相互遮阴，各遮阴网之间也间隔合适距离防止不同遮阴网的交互遮阴，试验期间进行统一的水肥及除草除虫管理。3月、5月、7月、9月各测一次每株的地径、株高，并在9月中旬进行叶面积、生物量及生理生化指标的测定。

3.3.4 指标测定的方法

3.3.4.1 生长指标的测定

地径增长量：采用游标卡尺测量平行盆口处幼苗主茎的直径，3—9月每两个月测一次，差值可得地径增长量。

株高增长量：采用直尺测量地径测定处至幼苗顶端的距离，3—9月每两个月测一次，差值可得株高增长量。

叶面积：9月中旬采用托普云农YMJ-D型便携式叶面积仪进行测量，叶片选取从顶芽向下数第3至第6片成熟叶，每处理每种源随机选4株。

生物量：采用烘干称重法测定。9月中旬将所有木奶果幼苗采回实验室，先洗净植物根系，将根、茎、叶分开，分别放入做好标记的牛皮纸袋，然后放入烘箱烘至恒重，最后采用电子天平测量得出干重。

3.3.4.2 生理生化指标的测定

生理生化指标的采样方法为每处理每种源随机取4盆植株上部成熟叶4片，叶片选

取为从顶芽往下数第3至第6片成熟叶，将叶片装入已编号的密封袋，置于装有冰袋的保温箱中并带回实验室待用。具体测定方法如下：

叶绿素（Chl）：采用丙酮和无水乙醇混合提取法，参考李忠光等（2014）的方法进行测定。

丙二醛（MDA）：采用硫代巴比妥酸显色法即TBA法，参考施海涛（2016）的方法进行测定。

过氧化氢酶（CAT）：采用苏州科铭生物技术有限公司提供的过氧化氢（Catalase，CAT）试剂盒（苏州科铭生物技术有限公司，2014）进行测定。

细胞膜透性：采用电解质外渗量法，参考陈建勋等（2006）的方法进行测定。

脯氨酸（Pro）：采用酸性茚三酮比色法，参考陈建勋等（2006）的方法进行测定。

可溶性糖（Ss）：采用蒽酮比色法，参考赵轶鹏等（2018）的方法进行测定。

3.3.5 木奶果幼苗的光适应性响应

3.3.5.1 遮阴对木奶果幼苗形态生长的影响

由双因素方差分析结果可见（表3-1），木奶果幼苗株高增长量在种源间表现出显著差异，地径增长量和叶面积在种源间表现出极显著差异；其所有生长指标在遮阴处理间均存在极显著差异；种源与遮阴处理的交互作用对木奶果幼苗的株高增长量和叶面积具有极显著的影响。

表3-1 不同遮阴下两种源木奶果幼苗生长指标的双因素方差分析

Table 3-1 Two-way ANOVA analysis of growth indicators of two provenances of *Baccaurea ramiflora* Lour. seedlings in different shading environments

变异来源 Sources of variation	自由度 df	株高增长量 Increment of seedlings' height（cm）	地径增长量 Increment of seedlings' ground diameter（cm）	叶面积 Leaf area（cm^2）
种源Provenance	1	6.78*	71.59**	156.51**
遮阴处理 Shading treatment	4	20.88**	16.92**	55.24**
种源×遮阴处理 Provenance × Shading treatment	4	4.50**	2.56	16.42**

注："*"表示差异显著，$P<0.05$；"**"表示差异极显著，$P<0.01$。

Notes："*" means significant difference at $P<0.05$ level；"**" means extremely significant difference at $P<0.01$ level.

由图3-1、图3-2与图3-3可见，两种源木奶果幼苗的株高与地径增长量均随着遮阴强度的增加表现为先升后降的倒"V"形。其中，谢鞋山种源的木奶果幼苗株高和地径的增长量均在S4处理达到最大值且显著高于其他处理，停扣山种源的木奶果幼苗则均在S6处理达到最大值且显著高于其他处理。另外，以S4处理（69.2%遮光率）为分界线，木奶果幼苗的株高、地径在弱光（S4、S6、S8）下的增长量均显著比强光环境（CK、S3）下高。对于叶面积，两种源木奶果幼苗均表现为随着遮阴强度的增加而增大。

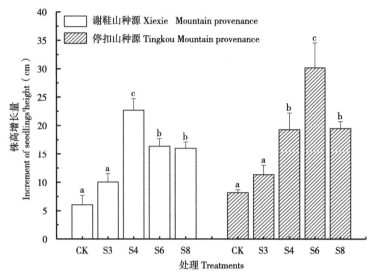

图3-1 遮阴对木奶果幼苗株高增长量的影响（平均值 ± 标准误差）

Fig. 3-1 Effect of shading on increment of seedlings′height of *Baccaurea ramiflora* Lour.（mean ± SE）

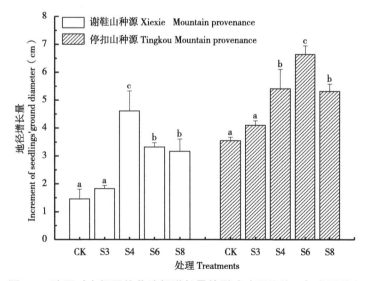

图3-2 遮阴对木奶果幼苗地径增长量的影响（平均值 ± 标准误差）

Fig. 3-2 Effect of shading on increment of seedlings′ground diameter of *Baccaurea ramiflora* Lour.（mean ± SE）

野生热带水果植物

木奶果（*Baccaurea ramiflora* Lour.）

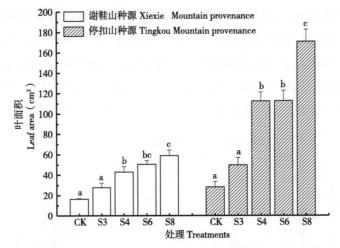

图3-3　遮阴对木奶果幼苗叶面积的影响（平均值±标准误差）

Fig. 3-3　Effect of shading on leaf area of *Baccaurea ramiflora* Lour.（mean±SE）

注：CK、S3、S4、S6、S8分别表示无遮阴、3针遮阴网、4针遮阴网、6针遮阴网、8针遮阴网处理。不同字母表示处理间差异显著（*P*<0.05）。

Notes：CK，S3，S4，S6 and S8 respectively indicate natural light，3-pin shading net，4-pin shading net，6-pin shading net and 8-pin shading net. Different letters indicate significant difference（*P*<0.05）.

　　将两种源株高、地径增长量的数据合并，分析幼苗在种植成长过程中光适应性的变化。由图3-4和图3-5可见，木奶果幼苗3—5月、5—7月、7—9月这3个成长阶段的最适光环境有所变化，株高增长量的最适遮阴条件变化为S6-S4-S4，地径增长量的最适遮阴条件变化为S6-S6-S4，即株高、地径增长的最适光条件均随着木奶果幼苗的成长由弱光（S6）转为稍微强一些的光环境（S4）。

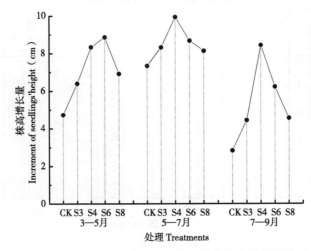

图3-4　不同成长阶段中遮阴对木奶果幼苗株高增长量的影响

Fig. 3-4　Effect of shading on increment of seedlings'height of *Baccaurea ramiflora* Lour. in different growth stages

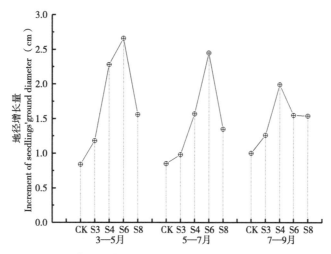

图3-5　不同成长阶段中遮阴对木奶果幼苗地径增长量的影响

Fig. 3-5　Effect of shading on increment of seedlings'ground diameter of *Baccaurea ramiflora* Lour. in different growth stages

3.3.5.2　遮阴对木奶果幼苗生物量累积及分配的影响

由双因素方差分析结果可见（表3-2），木奶果幼苗根重比、茎重比、根冠比在种源间均表现出极显著差异，总生物量在种源间表现出显著差异；遮阴处理对木奶果幼苗生物量的累积和分配的所有指标均有极显著的影响；种源与遮阴处理的交互作用对木奶果幼苗的生物量的累积和分配无显著的影响。

表3-2　不同遮阴下两种源木奶果幼苗生物量的双因素方差分析

Table 3-2　Two-way ANOVA analysis of biomass of two provenances of *Baccaurea ramiflora* Lour. seedlings in different shading environments

变异来源 Sources of variation	自由度 df	根重比 RMR	茎重比 SMR	叶重比 LMR	根冠比 Root-shoot ratio	总生物量 Total biomass
种源Provenance	1	18.99**	23.85**	1.04	17.78**	5.66*
遮阴处理 Shading treatment	4	3.09*	6.55**	10.35**	11.50**	4.85**
种源×遮阴处理 Provenance × Shading treatment	4	0.01	1.50	2.24	0.18	2.35

注："*"表示差异显著，$P<0.05$；"**"表示差异极显著，$P<0.01$。RMR对应的英文全拼：root mass ratio；SMR对应的英文全拼：stem mass ratio；LMR对应的英文全拼：leaf mass ratio。

Notes："*" means significant difference at $P<0.05$ level；"**" means extremely significant difference at $P<0.01$ level．RMR：root mass ratio；SMR：stem mass ratio；LMR：leaf mass ratio.

由表3-3可见，两种种源木奶果幼苗根重比、根冠比均随着遮阴强度的增加而降低，而茎重比、叶重比随着遮阴强度的增加而升高；总生物量随着遮阴强度的增加表现

表3-3　遮阴对木奶果幼苗生物量累积及其分配的影响

Table 3-3　Effect of shading on biomass accumulation and distribution of *Baccaurea ramiflora* Lour. seedlings

指标Variables	种源 Provenance	处理Treatments				
		CK	S3	S4	S6	S8
根重比 RMR	谢鞋山	0.195 9 ± 0.018 5a	0.182 0 ± 0.016 6a	0.175 9 ± 0.039 8a	0.159 7 ± 0.010 2a	0.123 9 ± 0.009 8a
	停扣山	0.264 0 ± 0.014 4a	0.257 7 ± 0.032 4a	0.225 9 ± 0.009 0a	0.216 0 ± 0.016 1a	0.190 6 ± 0.035 8a
茎重比 SMR	谢鞋山	0.428 8 ± 0.005 0a	0.437 9 ± 0.035 3a	0.470 5 ± 0.015 5a	0.520 2 ± 0.058 3ab	0.596 7 ± 0.016 9b
	停扣山	0.379 3 ± 0.012 7a	0.401 8 ± 0.030 8ab	0.402 2 ± 0.013 0ab	0.423 1 ± 0.005 9ab	0.447 9 ± 0.013 6b
叶重比 LMR	谢鞋山	0.221 4 ± 0.031 1a	0.283 8 ± 0.041 3a	0.386 2 ± 0.023 7b	0.405 6 ± 0.015 7b	0.411 6 ± 0.010 5b
	停扣山	0.312 9 ± 0.019 1a	0.340 1 ± 0.019 4ab	0.361 6 ± 0.023 5ab	0.372 2 ± 0.038 7ab	0.404 7 ± 0.016 8b
根冠比 Root-shootratio	谢鞋山	0.295 1 ± 0.029 1c	0.223 4 ± 0.024 4bc	0.189 3 ± 0.060 3abc	0.120 4 ± 0.014 3ab	0.081 7 ± 0.012 7a
	停扣山	0.409 6 ± 0.026 4c	0.352 5 ± 0.061 7bc	0.262 2 ± 0.015 2ab	0.206 6 ± 0.026 3a	0.180 4 ± 0.057 3a
总生物量 Total biomass （g）	谢鞋山	103.82 ± 6.12a	109.81 ± 4.92a	158.79 ± 13.44b	119.31 ± 3.56a	113.12 ± 5.06a
	停扣山	118.13 ± 14.52a	141.82 ± 5.01ab	151.82 ± 25.52ab	180.96 ± 23.04c	110.91 ± 14.29a

注：CK、S3、S4、S6、S8分别表示无遮阴、3针遮阴网、4针遮阴网、6针遮阴网、8针遮阴网处理。表中数据均以平均值±标准误差（mean±SE）形式表示，同一行中不同小写字母表示处理间差异显著（*P*<0.05）。RMR对应的英文全拼：root mass ratio；SMR对应的英文全拼：stem mass ratio；LMR对应的英文全拼：leaf mass ratio。

Notes：CK, S3, S4, S6 and S8 respectively indicate natural light, 3-pin shading net, 4-pin shading net, 6-pin shading net and 8-pin shading net. The data in the table are expressed as mean ± standard error （mean ± SE）. Different lowercase letters in the same line indicate significant differences between treatments （*P*<0.05）. RMR：root mass ratio；SMR：stem mass ratio；LMR：leaf mass ratio.

为先升后降，其中，谢鞋山种源的木奶果幼苗总生物量在S4处理达到最大值且显著高于其他处理，比不遮阴高出52.95%；停扣山种源的木奶果幼苗则在S6处理达到最大值且显著高于其他处理，比不遮阴高出53.19%。

3.3.5.3 遮阴对木奶果幼苗光合色素的影响

由双因素方差分析结果可见，木奶果幼苗的6项光合色素指标在遮阴处理间均存在极显著差异（表3-4）；6项光合色素指标中仅有叶绿素a/b值在种源间表现出极显著差异；种源与遮阴处理的交互作用对木奶果幼苗光合色素无显著的影响。

由图3-6可见，两种源木奶果幼苗的叶绿素a、叶绿素b、叶绿素总含量及类胡萝卜素均随着遮阴强度的增加而增加，而叶绿素a/b值与类胡萝卜素/叶绿素值则表现为随着遮阴强度的增加而降低。其中，弱光下（S4、S6、S8）的3项叶绿素指标（叶绿素a、叶绿素b与叶绿素总含量）均显著高于不遮阴（CK）处理；类胡萝卜素/叶绿素值在遮阴（S3、S4、S6、S8）与不遮阴（CK）之间表现出显著差异。

表3-4 不同遮阴下两种源木奶果幼苗光合色素的双因素方差分析

Table 3-4 Two-way ANOVA analysis of photosynthetic pigments of two provenances of *Baccaurea ramiflora* Lour. seedlings in different shading environments

变异来源 Sources of variation	自由度 df	叶绿素a含量 Chl a content $(mg \cdot g^{-1})$	叶绿素b含量 Chl b content $(mg \cdot g^{-1})$	叶绿素总含量 Chlorophyll content $(mg \cdot g^{-1})$	叶绿素 a/b Chl a/b	类胡萝卜素含量 Carotenoids content $(mg \cdot g^{-1})$	类胡萝卜素/叶绿素 Carotenoids/ Chlorophyll
种源 Provenance	1	0.64	1.91	0.97	10.66**	2.06	0.82
遮阴处理 Shading treatment	4	43.68**	32.13**	41.50**	9.93**	11.91**	51.02**
种源×遮阴处理 Provenance×Shading treatment	4	0.47	0.42	0.46	2.53	0.70	3.16*

注："*"表示差异显著，$P<0.05$；"**"表示差异极显著，$P<0.01$。

Notes: "*" means significant difference at $P<0.05$ level；"**" means extremely significant difference at $P<0.01$ level.

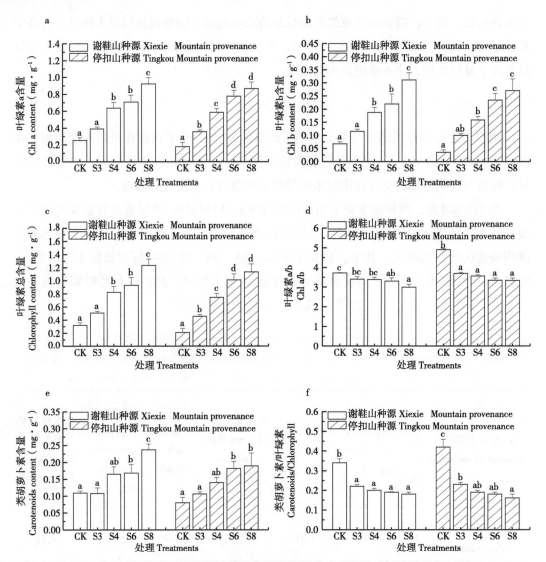

图3-6　遮阴对木奶果幼苗光合色素的影响（平均值±标准误差）

Fig. 3-6　Effect of shading on photosynthetic pigments of *Baccaurea ramiflora* Lour. seedlings
（mean±SE）

注：CK、S3、S4、S6、S8分别表示无遮阴、3针遮阴网、4针遮阴网、6针遮阴网、8针遮阴网处理。不同字母表示处理间差异显著（$P<0.05$）。

Notes：CK，S3，S4，S6 and S8 respectively indicate natural light，3-pin shading net，4-pin shading net，6-pin shading net and 8-pin shading net. Different letters indicate significant difference（$P<0.05$）.

3.3.5.4　遮阴对木奶果幼苗抗逆性指标的影响

由双因素方差分析结果可见（表3-5），木奶果幼苗的5项抗逆性指标在遮阴处理间均存在极显著差异；丙二醛含量、相对电导率、脯氨酸含量和可溶性糖含量在种源间表现出极显著差异；种源与遮阴处理的交互作用对木奶果幼苗的丙二醛含量、相对电导率和脯氨酸含量具有极显著的影响。

表3-5 不同遮阴下两种源木奶果幼苗抗逆性指标的双因素方差分析

Table 3-5 Two-way ANOVA analysis of stress resistance indicator of two provenances of *Baccaurea ramiflora* Lour. seedlings in different shading environments

变异来源 Sources of variation	自由度 df	丙二醛含量 MDA	相对电导率 Electrical conductivity （%）	过氧化氢酶活性 CAT（U·g⁻¹，FW）	脯氨酸含量 Pro（μg·g⁻¹，FW）	可溶性糖含量 Ss（mg·g⁻¹，FW）
种源Provenance	1	37.33**	9.35**	0.44	25.56**	32.68**
遮阴处理 Shading treatment	4	27.40**	10.86**	14.97**	35.28**	13.34**
种源×遮阴处理 Provenance×Shading treatment	4	10.79**	4.10**	0.54	9.74**	0.98

注："*"表示差异显著，$P<0.05$；"**"表示差异极显著，$P<0.01$。

Notes: "*" means significant difference at $P<0.05$ level；"**" means extremely significant difference at $P<0.01$ level.

由图3-7可见，随着遮阴强度的加大，木奶果幼苗的大部分生理指标（丙二醛含量、相对电导率、脯氨酸含量、可溶性糖含量）均呈现先降后升的"V"形变化。

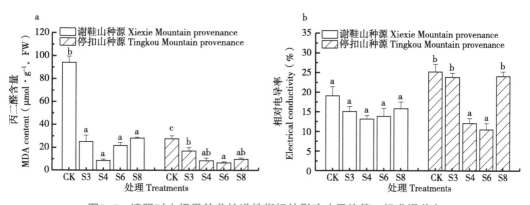

图3-7 遮阴对木奶果幼苗抗逆性指标的影响（平均值±标准误差）

Fig. 3-7 Effect of shading on stress resistance indicators of *Baccaurea ramiflora* Lour.Seedlings（mean±SE）

注：CK、S3、S4、S6、S8分别表示无遮阴、3针遮阴网、4针遮阴网、6针遮阴网、8针遮阴网处理。不同字母表示处理间差异显著（$P<0.05$）。

Notes：CK，S3，S4，S6 and S8 respectively indicate natural light，3-pin shading net，4-pin shading net，6-pin shading net and 8-pin shading net. Different letters indicate significant difference（$P<0.05$）.

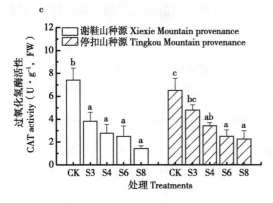

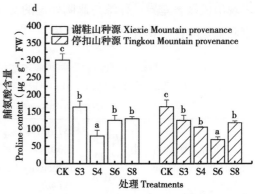

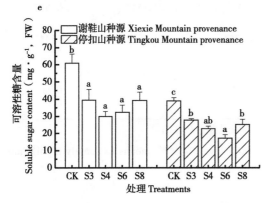

图3-7　（续）

3.3.6　木奶果幼苗的栽培关键技术

3.3.6.1　木奶果幼苗对遮阴的生长响应

植物在不适宜的光照环境下，生长发育的各个方面会受到抑制，称为光胁迫，主要表现为光合能力和植株生长的下降（张吉顺等，2017）。植物受到光胁迫就会表现出相应的受害症状，具体表现在植物的外部形态上，主要影响其株高、地径、叶片颜色、叶面积、生物量的积累和分配等。而株高、地径、叶面积与生物量是最能直接反映植物生长状况且易于观测的生物指标。本节研究结果显示，所观测所有生长指标在遮阴处理间均存在显著差异，并且随着遮阴强度的加大，无论是株高还是地径的增长量，木奶果幼苗均表现出"先升后降"的趋势，可见适度的遮阴有益于木奶果幼苗植株纵向的生长和根茎的横向增粗，暴露于强光或重度的遮阴都将一定程度上抑制其生长。另外，以S4处理（69.2%遮光率）为分界线，木奶果幼苗的株高、地径在弱光（S4、S6、S8）下的增长量均显著比强光环境（CK、S3）下高，说明木奶果幼苗期具有阴生植物的特性，需要在较高的遮阴环境下才有利于生长，体现了木奶果在热带雨林和热带季雨林林下低光环境的生态适应性。在遮阴对木奶果幼苗叶面积影响方面，叶面积随着遮阴强度的增加而增加，说明了木奶果幼苗在弱光下会通过增加叶面积的形式来提高光能的捕获与利用。本节同时也分析了木奶果幼苗成长过程中的光适应性变化，在幼苗遮阴栽培期间，其幼苗株高、地径增长的最适遮阴环境由S6（遮光率80.0%）逐渐转变为S4（遮光率69.2%），即木奶果幼苗成长过程中生长的适宜光强增大，可见木奶果在幼苗的成长过程中就已经显露出由阴生向阳生转化的趋势。

生物量是植物能量同化的基本形式，其大小综合反映了植物对外界环境的适应能力，其中光环境的改变往往造成植物不同器官生物量分配的变化（张振英，2012）。在遮阴对木奶果幼苗生物量的累积影响上，其表现出与株高、地径增长量相同的趋势，即随着遮阴强度的增加，总生物量先升后降，说明适度遮阴利于木奶果幼苗干物质的累积，强光或过弱环境均对其生物量累积产生抑制。另外，在遮阴对木奶果幼苗生物量的分配上，随着遮阴强度的增加，茎、叶的生物量比均呈上升趋势，而根重比呈下降趋势，致使根冠比呈上升趋势。而钱龙梁等（2018）对阳生植物（银杏）的遮阴研究却显示，随着遮阴强度的增加，银杏由于地上部分受到环境限制从而导致生物量的分配向根部倾斜，根重比上升，使得根系健壮生长以便获得土壤养分来供给地上部分。笔者却发现表现为阴生特性的木奶果幼苗在遮阴强度增加时，生物量的分配向地上部分（茎与叶）倾斜。可见在弱光环境下，阳生植物与阴生植物对生物量的分配方式不同，阳生植物可能偏爱于将生物量分配至根系，以获取更多的水分与营养物质供给茎叶；阴生植物可能偏爱于将生物量分配至地上部分的茎与叶，使得幼苗向上生长和扩展叶面，以捕获到更多的光能。

木奶果幼苗对遮阴的生长响应还存在着种源差异，双因素方差分析结果显示木奶果幼苗的大部分生长指标（株高增长量、地径增长量、叶面积、根重比、茎重比、根冠比与总生物量）在种源间均存在显著差异，部分指标更是表现出了极显著差异，停扣山种源幼苗株高、地径增长及生物量累积的最适光照条件（S6）显著低于谢鞋山种源幼苗的最适生长光照条件（S4），且停扣山种源幼苗各处理的叶面积显著比谢鞋山种源大，说明停扣山种源的木奶果幼苗相对于谢鞋山种源更耐阴。徐大鹏等（2013）的研究曾指出长期光强环境的差异可能会使同一植物表现出不同的光适应性。对谢鞋山和停扣山木奶果生长的植物群落特征研究发现，两地木奶果生长群落处于南亚热带常绿阔叶林的不同演替阶段，处于演替第4阶段的谢鞋山木奶果生长群落光照条件比处于演替第5阶段的停扣山木奶果生长群落强。而常绿阔叶林的演替过程十分漫长，可能有超过百年的时间。所以两种源地木奶果生长群落处于不同演替阶段，造成两种源长期光强条件的不同，可能是致使木奶果幼苗对遮阴生长响应存在种源差异的一个重要原因。

3.3.6.2　木奶果幼苗在不同遮阴环境下的生理调控机制

植物受到光胁迫时，生理代谢过程的一些物质会发生相应改变。其中，光合色素

作为植物体进行光合作用的重要物质基础，其含量的多少在很大程度上反映了植物的生长状况与光合能力（苏慧敏等，2013）。本节试验结果表明，各项光合色素指标在遮阴处理间均有极显著差异，遮阴显著提高了木奶果幼苗叶绿素a、叶绿素b及叶绿素总含量，并且它们的含量随着遮阴强度的增加而增加。可见低光环境下，木奶果幼苗通过叶绿素含量的上升来捕获更多的光能。叶绿素a/b值降低常被认为是植物适应低光环境的一种调控方式，多项研究表明，重度遮阴下植株常处于漫射光中，漫射光中的短波（蓝紫光）占优势，叶绿素b相对于叶绿素a而言，在蓝紫光的吸收带更宽，植株通过提高叶绿素b的相对含量（即叶绿素a/b值下降），能强烈地利用蓝紫光，从而适应于阴暗环境生长（Baig等，2005；Bertamini等，2006）。笔者对木奶果幼苗的遮阴结果也显示，遮阴加大的情况下幼苗叶绿素b的增加幅度大于叶绿素a，使得叶绿素a/b值下降，可认为是木奶果幼苗对弱光环境的一种适应机制，而叶绿素a/b值在种源间存在极显著差异，说明不同种源间对弱光的适应性也有所差异。

类胡萝卜素既是光合色素，又是内源抗氧化剂，在细胞内能够吸收过剩的能量，淬灭活性氧，具有光破坏防御功能（Willekens等，1994），而类胡萝卜素/叶绿素（黄绿比）越高，植物的光合作用越低，可作为光伤害敏感指数。本节试验中，不遮阴下的类胡萝卜素/叶绿素值显著比各遮阴处理都高，说明强光对木奶果幼苗造成了显著的胁迫作用，此时木奶果幼苗通过增加类胡萝卜素的相对含量以吸收掉过剩的光能，淬灭机体活性氧来保护叶绿体膜结构；而弱光下类胡萝卜素相对含量低，幼苗生长良好，体现了木奶果幼苗期对光的适应性表现为阴生的特点。

丙二醛（MDA）与相对电导率作为胁迫指示物质，其值越大表明植物受胁迫的程度越严重（姜春明等，2007；王娟，2015；Yuan等，2016）；而过氧化氢酶（CAT）、脯氨酸（Pro）和可溶性糖（Ss）作为胁迫调节物质，植物通常会提高它们活性或含量以减轻其受胁迫的伤害（李峰卿等，2017）。本节研究结果显示，这些抗逆性指标在遮阴处理间均表现出极显著差异，木奶果幼苗的MDA含量、相对电导率、Pro含量、Ss含量均随着遮阴强度的增加呈现先降后升的形式，表明暴露于强光或重度遮阴的弱光环境下均使木奶果幼苗受到了胁迫。而不遮阴的强光环境下这些抗逆性生理物质含量均高于遮阴处理，说明强光对木奶果幼苗造成的胁迫大于弱光，木奶果幼苗在弱光下生长比强光下生长好，也体现了其对光的适应性为阴生的特点。通常，重度遮阴的弱光胁迫下，植物光合作用所需要的光强条件不足，合成碳水化合物减少。而本节研究结果却显示两种源木奶果幼苗的Ss含量在重度遮阴环境中都有所上升，可能说明木奶果在弱光下生长并未受到碳的限制。汪源等（2005）指出植物光合的主要产物是碳水化合物，它分为非结构性碳水化合物（可溶性糖和淀粉）和结构性碳水化合物（木质素和纤维素）。非结构性碳水化合物作为植物中能量的主要储存形式，是植物代谢中重要的能量来源。植株受到低光胁迫时，可能会通过提高体内代谢型非结构性碳水化合物（可溶性糖和淀粉）的比例，使其在光合产物不足的情况下保证有足够的物质参与代谢活动，所以这可能是木奶果幼苗在面对弱光胁迫时Ss含量还能上升的原因。

光胁迫通常会加速氧自由基的积累，导致细胞内膜系统损伤，从而造成植物组织中MDA含量增加，MDA有很强的细胞毒性，对植株机体特别是质膜产生毒害，其含量多少可以评估植株质膜受胁迫的程度（靳鹏博，2017）。木奶果在重度遮阴下，两种源幼苗MDA含量虽然有所上升但并未出现显著增加，可能是因为重度的遮阴并未造成显著的质膜胁迫。另外，CAT是植物膜系统保护关键酶之一，植物受到光胁迫时，会提高CAT的活性来催化体内有毒害作用的H_2O_2分解为水和氧气，修复自由基产生与消除间的不平衡，以达到保护细胞膜结构的目的。随着遮阴加大，木奶果CAT活性表现为一直下降趋势，反之，遮阴减小（光照增强）下，CAT活性不断上升，说明木奶果幼苗会提高CAT活性以减缓强光的胁迫损害，但调节CAT活性可能不是其应对弱光胁迫的主要手段。

本节研究中，随着遮阴强度的加大，木奶果幼苗相对电导率、Pro含量与Ss含量表现出的"先降后升"趋势与其株高和地径增长量"先升后降"的趋势相呼应。其中，停扣山种源在S6（80.0%遮光率）处理时，相对电导率、Pro含量与Ss含量处于最低值，幼苗生理代谢条件适宜，株高、地径增长最快；而谢鞋山种源则在S4（69.2%遮光率）处理下MDA含量、Pro含量与Ss含量达到最低，株高、地径处于最适增长条件。两种源木奶果幼苗株高、地径增长量的最高点恰好分别为各自Pro含量、Ss含量最低值，而株高、地径增长量的最低点分别为各自Pro含量、Ss含量最高值，说明Pro、Ss均为木奶果幼苗的主要渗透调节物质。张明锦等（2015）对巨能草*Puelia sinese*的研究及杨柳等（杨柳等，2017）对狭叶红景天*Rhodiola kirilowii*的研究皆表明其渗透调节的主要物质是Ss而非Pro；吴芹等（2013）对山杏*Prunus sibirica*、沙棘*Hippophae rhamnoides*和油松*Pinus tabuliformis*的试验结果显示其渗透调节的主要物质是Pro而非Ss；本节研究却发现Pro和Ss均能参与木奶果的渗透调节，可见不同植物应对胁迫的渗透调节物质有所差异。

综上分析可知，在光胁迫状态下，木奶果幼苗MDA开始累积，膜脂过氧化作用加剧，细胞膜通透性因此增大，膜内电解质开始渗出，使细胞浸提液电导率提高。一方面，面对弱光胁迫，木奶果幼苗会提高光合色素含量以提升光的利用能力；另一方面，面对强光胁迫，木奶果幼苗会增加类胡萝卜素相对含量增强叶绿体膜的抗氧化能力，同时增强膜保护酶——CAT的活性，来催化体内有毒害作用的H_2O_2分解为水和氧气，以减轻膜脂过氧化的伤害。而Pro和Ss作为综合调节物质，木奶果可通过调节它们的含量高低来调节细胞渗透压，以缓解细胞膜受到的胁迫压力。这就是木奶果幼苗对不同遮阴环境的生理调控机制，表现在形态上便是木奶果幼苗受到的光胁迫越大，生长受到的抑制就越严重。

第4章

木奶果的基因组

木奶果雌雄异株，雄花早于雌花开放，杂合率高，后代遗传差异大。分布于我国云南、广西、广东和海南岛等中低海拔的山谷、山坡密林或疏林中，形态多样性丰富，叶形多样，果皮颜色多样（白、绿、黄、橙、红和紫），果肉有乳白色、粉红色和紫色（罗培四，2017）。近年来，木奶果的食用价值、药用价值和观赏价值逐渐被发现，更多研究开始关注木奶果的开发利用，但对木奶果的基因组缺乏研究。本节研究结合二代+三代测序技术对木奶果基因组进行组装，获得高质量的木奶果基因组，为研究木奶果果实性状提供参考基因。

4.1 基因组学对果实性状研究的意义

园艺植物基因组测序主要集中在蔬菜、果树和观赏植物等方面。据Chen等（2019）对园艺植物基因组的统计及近两年发表的果树基因组，可知已公布基因组的果树主要有亚热带的芸香科柑橘属*Citrus*树种（Huang等，2021），温带的蔷薇科树种[梨属*Pyrus*（Kenta等，2021）、苹果*Malus domestica*（Nicolas等，2017）、桃*Prunus persica*（Verde等，2013）、甜樱桃*Prunus avium*（Pinosio等，2020）]，热带果树[番木瓜*Carica papaya*（VanBuren等，2015）、榴莲*Durio zibethinus*（Teh等，2017）、龙眼*Dimocarpus longan*（Lin等，2017）、杧果*Mangifera indica*（Wang等，2020）、番石榴*Psidium guajava*（Feng等，2021）、椰子*Cocos nucifera*（Lantican等，2019）、海枣*Phoenix dactylifera*（Hazzouri等，2019）]等。测序技术已从二代高通量测序过渡到三代单分子测序，组装技术也从Canu、WTDBG、Flye上升到Hi-C和单分子光学图谱技术，技术进步迅速地提高了植物全基因组测序和组装质量，降低了研究成本和时间，为推进木本植物的基因组学研究提供了新视野。由于木本植物基因的杂合性、复杂性及其周期性较长，现阶段研究的果树主要是高产量商业化的经济果树。然而，对于经济产出较少的野生或半野生状态下的果树基因组学研究较少。近年来，随着果树基因组序列的不断公布，为果树的农艺性状的研究提供了重要的遗传信息参考。果树的果实性状研究为果树研究的重点之一，研究主要集中在果实大小、口感（可溶性糖和有机酸）、颜色（类黄酮、花色苷和类胡萝卜素等）等方面，而果树基因组的研究为果树果实的深入研究提供了重要的基础支撑。

柑橘属果实性状基因组学的研究主要是涉及果实采后粒化、果实颜色形成、糖和有机酸代谢等的关键基因。柚*Citrus maxima*果肉粒化研究方面，Shi等（2020）发现IAA和ABA响应的转录因子*CgMYB58*上调木质素生物合成导致果肉粒化。柑橘属果实颜色的形成方面，*Ruby2-Ruby1*基因簇对野生到驯化的柑橘*Citrus reticulata*果实花色苷累积具有调控作用（Huang等，2018）；柑橘*CCD4b*启动子区域的变异，会促进宽皮橘*Citrus reticulata*及其杂交种在长期进化过程中形成红色果皮性状（Zheng等，2019）；血橙*Citrus sinense*中*Ruby1*的反转录转座子中启动子能控制光和冷诱导的果实花青素积累（Huang等，2019）；Goldenberg等（2019）发现了类胡萝卜素生物合成相关基因*PSY*、*βLCY*、*βCHX*和*CCD4b*在"Shani"果实比"Ora"橘子*Citrus reticulata*果实的表达显著增高。Chen等（2019）发现*Cit1*、*2RhaT*和两个新的*CitdGlcTs*参与了风味相关的类黄酮代谢，*Cit1*、*2RhaT*和两个新的*CitdGlcTs*是诱发柑橘果实产生前苦味特性的新橘皮糖苷类积累的关键控制基因。

蔷薇科果树的果实研究主要集中在果实衰老、类黄酮、颜色等方面。Jiang等（2019）揭示了杏基因组，进一步阐明了蔷薇科的进化，并揭示了*β*-类胡萝卜素的合成，发现*β*-类胡萝卜素代谢延伸途径中*NCED*基因是调控杏果肉颜色形成的关键基因。蔷薇科典型果树梨（*Pyrus pyrifolia*）的果实研究已经开展得较为深入，Zhang等（2021）通过全基因组关联分析GWAS分析了梨果实性状的遗传基础，Gu等（2020）发现在高温或低温处理后microRNA参与了梨果实的衰老变化；而*PuMYB21/PuMYB54*协同激活冷藏中南果梨果皮的褐化过程中*PuPLDβ1*的转录（Sun等，2020），*PbMC1a/b*调控梨果实石细胞发育过程中的木质化（Gong等，2020）。梨果皮颜色形成的机制已被揭示，"早酥红"梨果皮红色的形成与*PpBBX24*基因上的14 bp缺失相关（Qu等，2020）；*PyWRKY26*和*PybHLH3*共同结合*PyMYB114*的启动子（似MBW复合体）促进红皮梨花色苷的累积（Li等，2020）；特别是Bai等（2019）鉴定发现*PpBBX18*和*PpBBX21*两个BBX类转录因子，它们通过竞争与PpHY5形成复合体从而调控花色苷合成的分子机制，该研究丰富了梨花色苷合成的调控网络，对未来梨果实外观品质改善提供了新的思路。其他研究者证实了*PbGA2ox8*参与梨果皮维管组织相关的花色苷合成，导致梨果实红色条纹的形成（Zhai等，2019）。

苹果的果实性状也引起了研究者的关注。Roth等（2020）研究了果实质地的基因

组预测和为苹果基因组选择应用的种群优化，McClure等（2019）则通过GWAS揭示了有效控制苹果中多酚的位点，MdMYB激活*MdGSTF6*可导致花色苷的累积（Jiang等，2019）。其中，MdMYB1的上游插入的LTR反转录转座子是调控苹果果皮红色的关键因子（Zhang等，2019），MdMYB6通过直接抑制生物合成途径和间接去除底物来调节苹果中花色苷的形成（Xu等，2020），MdMYB8通过激活*MdFLS*启动子促进黄酮醇的生物合成（Li等，2020），MdWRKY11则在红肉苹果的类黄酮和花色苷生物合成中起到关键作用（Wang等，2018），可见，MdMYB基因和MdWRKY11基因在花色苷调控和合成起着重要的作用。此外，光氧化胁迫通过激发多基因响应，可整合苯丙烷和乙烯途径诱导木质素在苹果中的累积（Torres等，2020）；可影响苹果的口感。同时，苹果酸一直是影响苹果口感的重要因素之一。Ban等（2020）通过混池基因组测序探明了苹果果实高酸性状的QTLs，MdBT2蛋白与R2R3-MYB转录因子MdMYB73相互作用可将其泛素化降解从而调节苹果酸的积累和液泡酸化（Zhang等，2020）；Jia等（2021）揭示了苹果中R2R3-MYB转录因子MdMYB44调控苹果酸积累的新机制，从而阐明了苹果酸影响口感的本质问题，推动了苹果优良品种的筛选和培育的研究进展。

桃果实中液泡转化酶PpVIN2及其抑制因子PpINH1，在蔗糖代谢和冷害过程中具有调控作用（Wang等，2020）。桃果实中ABA的生物合成由*PpERF3*通过激活果实成熟过程中*PpNCED2/3*的积极转录来实现（Wang等，2019）。甜樱桃果实性状基因组学研究也引起了研究者的关注，Xanthopoulou等（2020）通过重测序对甜樱桃栽培种分析其基因组多样性，来进一步了解栽培种果实大小、颜色及风味的差异；Berni等（2021）通过差异表达基因、差异代谢物和蛋白分析，揭示了不同甜樱桃品种的基因特性，为樱桃的基因功能及遗传育种研究提供了新的见解。

其他果树中，番木瓜果肉中类胡萝卜素生物合成途径只有*β*分支，而果皮中有*α*和*β*分支两种（Shen等，2019）。Zhou等发现番木瓜果实成熟发育过程中类胡萝卜素的生物合成由CpbHLH1/2转录因子调控（Zhou等，2019）。Li等（2020）发现bHLH3和MYB4在类黄酮稳态调控网络中的相互作用确保了桑葚*Morus alba*能够合成适量的类黄酮化合物，并且该调控网络在富含色素的桑葚中是稳定存在的；bHLH3的异常表达破坏了该调控网络的平衡，改变了浅色果实中类黄酮途径的代谢通量，导致不同颜色桑葚中的花青素、黄酮和黄酮醇的含量和比例不同，由此使得桑葚具备不同的颜色特征。Zhu等（2019）通过分析油柿*Diospyros oleifera*基因组序列发现了导致柿果实涩味性状稳定遗传的原因。Peng等（2019）揭示了紫色猕猴桃*Actinidia chinensis*花色苷中矢车菊素和飞燕草色素的调控机制，猕猴桃花青素合成途径主要受到MYB转录因子的调控，其中MYB110能够有效地激活几种猕猴桃的*F3'H*的启动子，该研究揭示了猕猴桃的花青素生物合成途径主要是受到MYB转录因子的调控，为优良猕猴桃品种的选育提供了理论支持。

综上所述，基于基因组学的果树果实性状研究较为深入，不同果树品种的果实颜色、口感风味等调控的基因各不相同，找出关键调控基因及其影响机制，是果树育种和培育的重要基础支撑。但尚未报道木奶果果实颜色、口感风味等调控的机制研究，有关木奶果的果实性状有待研究。

4.2　木奶果基因组测序

4.2.1　DNA提取及文库构建

DNA提取材料在2018年7月18日采自广东省湛江市廉江市谢鞋山的野生木奶果嫩叶（未完全展开）（21°35′58″N，110°20′30″E），海拔110 m，液氮下冻存，带回实验室，存于−80℃冰箱。采用改良CTAB法（陈杰等，2015）粗提取木奶果嫩叶DNA，漩涡震荡过程改为延长孵育时间，再结合贝瑞DNA提取试剂盒（FC-121-4001）提纯木奶果嫩叶DNA；并对DNA进行检测，Nanodrop 2000紫外分光光度法（Thermo Scientific，USA）检测DNA的浓度和纯度（OD 260/280比值），琼脂糖凝胶电泳分析DNA降解程度以及是否有RNA、蛋白质污染，用Qubit对DNA浓度进行精确定量。其中OD值在1.8 ~ 2.0，含量在1.0 μg以上的DNA样品可以用来建库。脉冲场电泳（Bio-rad CHEF）观测胶孔残留及杂带污染情况。

将基因组DNA经Covaris破碎仪随机打断成不同长度的片段，通过凝胶电泳回收目的片段，末端修复和加A尾后在片段两端分别连接上接头制备DNA文库。经PCR线性扩增、文库质检，检测合格的文库进行上机测序。将高质量纯化后的基因组，构建PCR-free的SMRT bell文库，使用Agilent 2100对文库大小进行检测。库检合格后进行Illumina HiSeq 2500和Novaseq平台PE 150测序。利用PacBio SMRT技术进行三代测序，第三代测序文库经PacBio Caculater计算后，按照比例将测序引物和测序酶结合到SMRT bell模板上，然后通过Diffusion loading的方式进行测序。

4.2.2　数据过滤及质控

二代测序下机的原始测序片段（reads）中带有少量接头的自连序列和低质量序列以及含"N"较多（N>3）的reads/受污染的reads，先去除含接头的自连序列和低质量序列（质量值Q<5的碱基占reads长度的20%以上）得到最终的干净序列数据（clean reads），再通过BWA比对和samtools处理，得到Bam文件，用picard去除重复，之后基于比对结果。

三代测序的原始下机数据称为polymerase reads，通过去除长度较短的polymerase reads、质量值较低的polymerase reads和polymerase reads中包含接头的自连序列，质控后获得subreads。因三代测序长度较长，需进一步了解subreads的长度分布。通过GATK软件检测SNP、InDel，CNVnator检测CNV，CREST检测SV，最后通过ANNOVAR软件对变异结果进行详细注释。

GCE软件包对木奶果基因组进行评估，以K为19统计K-mer频数等相关基本信息，再利用GCE对木奶果基因组大小、GC-depth、杂合度等进行评估。

4.2.3 RNA提取及建库、质检和测序

采木奶果幼苗叶、嫩茎和根3个器官的组织部位中新鲜材料，双蒸水洗净，取好样立即放入液氮下，带回实验室放−80℃保存。使用贝瑞RNA提取试剂盒（RS-122-2001（48 samples）（Set A：12 indices））提取各组织总RNA。Nanodrip检测RNA的纯度（OD 260/280比值）；琼脂糖凝胶电泳分析RNA降解纯度以及是否污染；Qubbit对RNA浓度进行精确定量；Agilent 2100精确检测RNA的完整性。检测合格后，进行文库构建，用QiaQuick PCR试剂盒纯化并加EB缓冲液洗脱之后做末端修复并连接测序接头，用琼脂糖凝胶电泳进行片段大小选择，最后进行PCR扩增富集cDNA。使用Qubit 2.0进行初步定量，再用Agilent 2100对文库的插入片段大小进行检测，插入片段符合预期后，使用qPCR方法对文库的有效浓度进行准确定量，保证文库质量。用Illumina Novaseq平台进行PE 150测序。

4.2.4 基因组组装及评估

首先将三代数据自身比对并进行纠错，然后通过overlap对低质量reads进行修整，得到高质量的reads；使用CANU（Koren等，2017）软件对纠错后的三代数据进行基因组组装，根据overlap构建重叠图并生成Contigs；初步组装后将三代数据与组装结果进行比对且纠错，最后使用BWA软件将二代数据与纠正后的三代数据组装结果进行比对，使用Pilon软件对碱基进一步纠错，得到三代+二代纠错版本组装结果（Koren等，2018）。

组装评估采用数据回比率评估、GC-Depth评估和BUSCOs组装完整性评估3种方法。基因组组装完成后对组装结果进行评估，将测序数据与组装结果进行比对，评估数据回比率。基因组组装较好时，成对reads会比对到相同染色体一次，且reads之间的距离应该与建库时的插入片段长度一致。因此可以根据成对reads合理比对的比例以及插入片段分布情况对基因组组装结果进行评估。基因组组装完成后，对过滤后的Contigs作为基本单位，利用R绘制GC含量深度分布图，通过GC含量深度分布图可以确定该物种的GC含量，同时可明确样品基因组中是否存在其他基因组序列的污染，若拼接结果中存在污染，则在图中会出现散点簇。BUSCOs组装完整性评估利用BUSCO（Benchmarking Universal Single-Copy Orthologs，http://busco.ezlab.org/）评估（Seppey等，2019）木奶果的全基因组测序组装，利用近缘种的保守序列与木奶果组装基因进行

比对，结合tblastn、Augustus和hmmer等软件对组装得到的基因组进行完整性评估。

4.2.5 基因组注释

对基因组的组分和功能进行注释，组分注释主要对基因组中的序列进行分类，包括重复序列预测、非编码RNA预测和编码基因预测（Korf等，2004）。功能注释是利用已有的相关基因数据库，基于相似的蛋白序列在不同物种中具有相似的生物学功能这一假设，通过同源比对来推断木奶果基因的功能，主要包括NR、SwissProt、eggNOG、GO和KEGG数据库（Haas等，2008；Quevillon等，2005）。

4.2.5.1 重复序列预测

使用RepeatMasker（Tarailo-Graovac等，2009）软件屏蔽基因组中预测的重复序列，软件使用参数：-s-nolow-norna-gff-cnginc ncbi-parallcl 20。通过结构预测方法识别MITEs（miniature inverted repeat transposable elements）和LTR（Long terminal repeat）转座元件。然后，在RepBase库中搜索木奶果已知的重复序列。最后通过从头预测的方法（Price等，2005）来收集木奶果基因组中的其他重复序列。整合上述三种方法得到的重复序列，构建木奶果的特有重复序列库。

利用软件MITE-Hunter（Han等，2010）从基因组上搜索II类转座因子MITEs以及长度低于2 Kb的非自主转座因子，分析使用软件默认参数。预测得到的MITEs序列作为MITEs.lib库，利用LTR retriever（Ou等，2018）分析流程，整合LTRharvest和LTR Finder（Xu等，2007）的结果，过滤其中假阳性的LTR-RT，得到高质量的LTR-RT，并将其作为LTR.lib库。利用RepeatMasker在RepBase库中搜索木奶果已知重复序列，并将其与MITEs.lib库以及LTR.lib库进行合并。再利用RepeatMasker将合并后的库作为数据库对木奶果基因组进行重复序列屏蔽，使用软件默认参数。然后，使用RepeatModeler从头鉴定屏蔽后的木奶果基因组中的重复序列，使用软件参数：-engine ncbi-pa 60。针对RepeatModeler从头鉴定的重复序列结果，对于分类为unknown的序列，使用blastx将其与转座酶数据库进行比对，将能够比对上的重复序列根据转座酶类型进行重新分类，比对使用参数：-num threads 60-evalue 1e-10。将上述多种方法得到的重复序列库进行合并，构成木奶果的特有重复序列数据库。

4.2.5.2 非编码RNA预测

利用软件tRNAscan-SE（Lowe等，1997）对木奶果基因组中tRNA进行从头预测。rRNA以拟南芥基因组中rRNA序列进行比对，rRNA和其他类型的非编码RNA（non-conding RNA，ncRNA）在Rfam数据库（Griffiths-Jones等，2003）中进行搜索比对，通过相似性比对得到ncRNA具体信息。

4.2.5.3　编码基因预测

同源注释中选取近缘种木薯*Manihot esculenta*、麻疯树*Jatropha curcas*、橡胶树*Hevea brasiliensis*、蓖麻*Ricinus communis*和银白杨*Populus alba* 5个物种的编码蛋白序列数据库，对木奶果的同源蛋白用GeMoMa-1.6.1将近缘物种的蛋白序列与组装的基因序列进行比对，预测其基因结构，同时结合RNA数据与组装结果的比对情况，来获取外显子、内含子边界信息，提高预测准确性。

4.2.5.4　基因结构预测

首先使用GlimmerHMM、Augustus、Snap和genemarkes（Stanke等，2004；Majoros等，2004）4种软件对木奶果进行从头预测，再利用HISAT2 v2.0.4（Kim等，2015）将RNA-Seq的reads比对到Scaffold序列后，利用Cufflinks v2.2.1对比对后的reads进行组装。然后用PASA v2.0.1进行开放阅读框（ORF）的预测（Roberts等，2011），筛选出蛋白序列100AA～1 000AA，CDS个数大于等于2，并且能够与参考序列的蛋白序列全长比对的基因。利用Augustus v3.0.3（Stanke等，2004）结合RNA-Seq数据预测基因结构。首先用训练集进行参数训练，然后根据RNA-Seq的reads与Scaffold的比对结果（TopHat v2.0.10），得到intron hints（即预测的内含子位置信息），再结合intron hints进行基因结构预测。SNAP和GlimmerHMM（Majoros等，2004）预测基因结构。首先用训练集进行参数训练，然后对屏蔽了重复序列的Scaffold进行基因结构预测。用GeneMark-ET v4.57（Ter-Hovhannisyan等，2008）结合Augustus v3.0.3得到的intron hints，对屏蔽了重复序列的Scaffold进行基因结构预测。利用EVM（Haas等，2008）对上述基因预测结果进行整合，采用PASA预测编码基因UTR以及可变剪切。

4.2.5.5　编码基因功能注释

使用DIAMOND（Buchfink等，2015）分别与NR、Swiss-Prot、eggNOGv4.5进行比对，获得基因的注释信息。使用Blast2 GO进行GO注释，将预测到的基因与GO编号对应起来。KOBAS 2.0（Xie等，2011）进行KEGG注释，获得基因产物的功能注释。通过单个数据库比对分析得到相应的基因功能注释结果，最后综合5大数据库进行Venn分析，可得到更为真实确切的基因功能注释信息。

4.2.6　木奶果基因家族的收缩和扩张及系统进化分析

选取拟南芥*A. thaliana*作为外类群物种，木奶果同其亲缘关系较近且基因组注释较好的5个物种，蓖麻、木薯、橡胶树、麻疯树和胡杨*Populus euphratica*进行同源基因聚类分析。采用OrthoMCL（Li等，2003）聚类分析，筛选上述7个选定物种的蛋白序列，保留可变剪接编码区最长的转录本，去除小于50个氨基酸的编码蛋白，对它们的蛋白编码序列进行all vs all BLAST比对，e值设置为1e⁻⁵，计算序列之间的相似性，并采用马尔科夫聚类算法进行聚类分析，获得蛋白家族的聚类结果，并用维恩图展示；通过蛋白家族聚类分析，获得木奶果中的特异基因家族；利用Cafe软件分析7个物种在进化过程中基因家族的扩张和收缩。

结合蛋白家族的聚类结果，对木奶果系统进化进行分析。首先选取7个物种的单拷贝基因家族，作为参考Marker，选取四倍简并位点（fourfold degenerate site，4DTv）来构建超基因；利用Mafft v7.294软件（Katoh等，2013）对7个物种进行多重序列比对，再利用Gblocks v.0.91b软件（Castresana，2000）过滤比对匹配较差的区域，选定最适合的碱基替代模型，从而得到比对效果较好的序列文件。采用Rax ML v8.0.19软件（Stamataki，2006），利用极大似然法（maximum likelihood，ML）中的GTRGAMMA模型，设置Bootsrap运行1 000次检验各个分支的置信度，再进行系统进化分析。另外，基于单拷贝基因家族，利用ML和Mr Bayes（Ronquist等，2003）的方法进一步确定木奶果的系统进化地位。分歧时间的估算是在系统发育分析的基础上，通过对单拷贝基因家族序列的CDS比对，提取四重简并位点，按照物种和基因的顺序拼接成一条完整的序列，并借助PAML v4.6软件（Yang，2007）中的Mcmctree估算分化时间，主要参数如下：burn in=10 000，sample number=100 000，sample frequency=2，clock=2；并根据Time Tree（http://www.timetree.org/）（Hedges等，2006）数据库中其他物种的已知分化时间作为参考，对木奶果进行分化时间的估算。

4.2.7 木奶果全基因组复制事件和共线性分析

将木奶果、胡杨、木薯各自的同源基因两两蛋白比对，利用Ka Ks calculator v.2.0软件（Zhang等，2006）计算物种非同义替换率（nonsynonymous substitution rate，Ka）与同义替换率（Synonymous substitution rate，Ks）的比值（ω=Ka/Ks），并分析同源基因中的4D位点及4DTv值，筛选得到位点数大于20个的结果，分析木奶果与各物种比较的4DTv值来预测物种之间的分化事件及各自的全基因组复制（whole genome duplication，WGD）事件。利用MCScan v0.8软件（Tang等，2008）检测木奶果基因组内部和葡萄Vitis vinifera的共线性区域，每个共线性区域至少含有20个排列顺序相同的同源基因，绘制共线性连线图。使用7个物种的单拷贝基因家族的CDS多序列进行比对，利用PAML当中的codeml工具中的枝位点特异模型来检测每个基因家族是否在木奶果分枝受到正向选择，利用ω研究木奶果蛋白编码序列，通常ω>1表示物种发生了正向选择，结合两种假设的似然比来检验。

4.3　木奶果全基因组测序统计

4.3.1　测序数据统计

本实验利用改良后的CTAB法，先提取到大量的粗提DNA，再利用DNA提取试剂盒对粗提的DNA进行纯化，大大降低了消耗成本。NanoDrop紫外吸光法检测结果显示：木奶果DNA浓度为60 ng·μL⁻¹，OD 260/280值为1.85，符合实验要求。

二代测序DNA数据统计见表4-1，测序深度为60 X的情况下，木奶果二代测序DNA得到约68.6 Gb的原始reads，reads总共228 707 613条，GC含量为37.89%，质量值大于20的碱基（Q20）所占比例达到97.8%，质量值大于30的碱基（Q30）所占比例达93.64%，表明二代数据比较完整。

表4-1　木奶果二代测序DNA数据产出统计

Table 4-1　DNA data statistics of second generation sequenceing in *Baccaurea ramiflora* Lour.

序列数 Reads number	碱基数 Base number（bp）	GC（%）	Q20（%）	Q30（%）	测序深度 Depth（X）
228 707 613	68 612 283 900	37.89	97.80	93.64	60 X

注：GC（%）表示GC含量；Q20（%）表示质量值大于20的碱基所占比例；Q30（%）表示质量值大于30的碱基所占比例。

Notes：GC（%）means GC content；Q20（%）means the proportion of bases with mass value greater than 20；Q30（%）means the proportion of bases with mass value greater than 30.

三代测序DNA数据统计见表4-2，长reads的测序能更好地对基因组序列进行组装，进行100 X的深度进行long reads测序，总共获得约114.14 Gb的DNA原始数据，reads总共7 246 556条，平均长度为15 750.4 Kb，Reads N50为24.44 Kb，长度大于等于5 Kb的reads为5 514 619条，占76.10%；长度大于等于5 Kb的Reads的碱基数目约110.01 Gb，占96.4%，表明三代测序数据较好。

表4-2　木奶果三代测序DNA数据产出统计

Table 4-2　DNA data statistics of third generation sequenceing in *Baccaurea ramiflora* Lour.

序列数（条） Reads number	碱基数 Base number（Gb）	平均长 Mean length（Kb）	N50 bp	≥5 Kb Reads number	≥5 Kb Base number	测序深度 Depth（X）
7 246 556	114.14	15 750.4	24 438	5 514 619；76.10%	110 026 018 588；96.40%	100 X

注：N50表示三代测序Reads N50；≥5 Kb Reads number表示长度大于等于5 Kb的Reads数目；≥5 Kb Base number表示长度大于等于5 Kb的Reads的碱基数目。

Notes：N50 means third generation sequenceing Reads N50；≥5 Kb Reads number means Reads number greater than or equal to 5 Kb in length；≥5 Kb Base number means base number of Reads with length greater of equal to 5 Kb.

二代测序RNA数据统计见表4-3，对木奶果的根、茎和叶3个相应的组织材料进行了RNA-seq，根和叶的reads相当，茎较少，大小分别约为9.17 Gb、8.86 Gb和7.35 Gb，GC含量约43%，质量值大于20的碱基所占比例为97.85%～98.04%，质量值大于30的碱基所占比例为93.92%～94.33%，表明根、茎、叶3个组织的RNA数据产出均一性高，质量较好。

表4-3　木奶果二代测序RNA数据产出统计

Table 4-3　RNA data statistics of second generation sequenceing in *Baccaurea ramiflora* Lour.

样品名 Sample name	序列数（条） Reads number	碱基数 Bases number（bp）	GC（%）	Q20（%）	Q30（%）
根	30 563 210	9 168 963 000	43.14	97.85	94.01
茎	24 505 473	7 351 641 900	43.12	97.85	93.92
叶	29 533 881	8 860 164 300	43.29	98.04	94.33

注：GC（%）表示GC含量；Q20（%）表示质量值大于20的碱基所占比例；Q30（%）表示质量值大于30的碱基所占比例。

Notes：GC（%）means GC content；Q20（%）means the proportion of bases with mass value greater than 20；Q30（%）means the proportion of bases with mass value greater than 30.

4.3.2　基因组评估

利用约60 G的二代数据进行基因组survey分析，选择k-mer为19进行分析，预估到该基因组大小约973 Mb，杂合度为0.634%，重复序列占比57.5%；图4-1中k-mer的分布图显示，覆盖度21 X和42 X两处具明显峰，推测21 X处为杂合峰，42 X处为主峰，表明木奶果基因组杂合度较高（杂合度>0.5%）（乌云塔娜等，2014）；在两处峰中

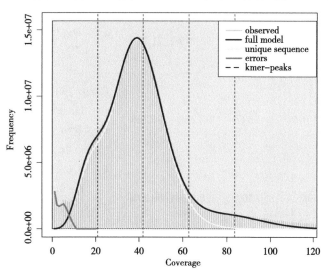

图4-1　木奶果基因组19-mer分布曲线图

Fig. 4-1　19-mer distribution curve of the genome of *Baccaurea ramiflora* Lour.

间有个明显拖尾，表明该基因具有较多的重复序列（重复序列比例>50%）（乌云塔娜等，2014），说明木奶果基因组比较复杂。基因组的GC含量为35%左右，GC跨度30%~45%。

4.3.3 基因组组装及质量评估

4.3.3.1 组装分析

木奶果基因组采用了不同的组装方式进行组装（表4-4）。先后采用了Canu+去冗余、WTDBG（Canu纠错+WTDBG组装）、WTDBG+去冗余和Flye+去冗余4种方法对

表4-4 木奶果基因组组装统计

Table 4-4 Genomic assembly statistics in *Baccaurea ramiflora* Lour.

组装方式 Assembly methods	基因组大小 Genome size （Mb）	Contig N50 （Mb）	DNA比对和唯一比对 DNA mapping rate and properly paired napping rate	Busco评估 Busco assessment	GC-depth分析 GC-depth analysis
Canu+去冗余	945	1.200	96.05%；69.59	C：88.7%[S：61.9%，D：26.8%]，F：1.4%，M：9.9%，n：2121	无异峰
WTDBG	1 300	0.710	96.71%；80.05%	C：91.8%[S：87.7%，D：4.1%]，F：1.5%，M：6.7%，n：2121	有异峰
WTDBG+ 去冗余	919	0.950	95.99%；71.73%	C：90.6%[S：86.8%，D：3.8%]，F：1.7%，M：7.7%，n：2121	有异峰
Flye+去冗余	1 010	0.397	98.28%；85.82%	C：97.2%[S：82.2%，D：15.0%]，F：0.9%，M：1.9%，n：2121	有异峰
Canu（过滤原始subreads后）	985	0.300	96.86%；80.27%	C：95.4%[S：81.9%，D：10.2%]，F：1.3%，M：2.1%，n：2121	无异峰
Canu（过滤后质体高同源subreads后）	973	0.503	98.86%；81.42%	C：96.7%[S：85.1%，D：11.6%]，F：1.1%，M：2.2%，n：2121	无异峰

木奶果基因组进行组装。CANU+去冗余的组装结果Contig N50=1.2 M相对更长，但二代DNA数据唯一比对（properly paired mapping rate=69.59%）的占比较低。GC-depth分析结果与前期survey分析结果相似，次峰深度偏低；WTDBG和Flye的结果中，基因组大小相比survey分析结果较大，二代数据唯一比对的占比相对较高，Buscos完整性相对较高，但GC-depth图中均可见存在明显的异常次峰（与主峰GC含量不一致，GC平均深度在20 X以下）；再次对WTDBG的结果去冗余后重新评估，GC-depth图中可见去除了异常次峰，但还是存在异常GC峰（GC含量45%左右）。尽管前期基因组survey分析中二代组装基因组的GC-depth图与上述四种三代组装基因组的GC分布相似度较高，所有组装结果均存在一些问题，可能与物种本身基因组复杂性特点相关或数据质量有关。为了解决subreads序列GC异常分布的情况，再次三代建库，尝试使用redudance/purge_haplotig多次调参去冗余均去除异常GC峰，但Canu及WTDBG组装结果仍存在异常GC峰。考虑到组装难度可能与物种本身复杂性相关，基于上述组装结果中异常峰所在的位置，按比例对原始subreads进行过滤，主要过滤GC含量在40%～45%/45%～50%区间的subreads，过滤后的subreads序列GC含量分布基本呈正态分布；分别使用Canu及WTDBG进行组装，组装结果的GC-depth统计；初步组装结果未见异常GC峰，去冗余后基因组大小接近survey评估大小，本次组装结果的Contig N50在300 Kb左右。前期二代重测序的验证及两次三代建库的组装结果，推测Contig N50较低是木奶果基因组复杂性造成的。为了进一步提高组装结果，通过过滤木奶果中线粒体和叶绿体高同源subreads序列后，剩余序列进行Canu+去杂合组装得到最优结果，GC含量呈正态分布、无异峰。

最后组装获得的木奶果基因组大小约为975.8 Mb（表4-5），略大于K-mer预估的基因组大小，因其杂合度较高的序列，可能把两条姊妹染色单体一起组装，导致拼接后的基因组大于实际的。Contigs序列共3 346条，GC含量为35.31%，Contig N50为509.33 Kb，Contig Min为1.63 Kb，Contig N90为118.07 Kb，Contig Max达7.74 Mb。对于杂合率较高的植物基因组，Contig N50能达到509.33 Kb，表明组装效果较好。

表4-5　木奶果基因组组装结果

Table 4-5　Genomic assembly statistics in *Baccaurea ramiflora* Lour.

Contig总数 Contig number	总长 Contig length （bp）	GC含量 GC（%）	最短Contig长 Contig MIN （bp）	Contig N50 大小 Contig N50 （bp）	Contig N90 大小 Contig N90 （bp）	最长Contig 大小 Contig MAX （bp）
3 346	975 796 316	35.31	1 631	509 330	118 073	7 735 866

关于木奶果基因组组装数据，将其测序深度与GC含量相关性进行分析，即GC-depth分析。图4-2中横坐标GC含量达到35.31%，与K-mer评估相似，主要分布在25%~45%，33%形成峰；覆盖度在10 X~30 X，20 X形成峰，推测是由杂合度高引起的；无异峰，表明拼接质量较好。在40 X以上的覆盖区域，分布了大量的Contigs，推测是由多数的重复序列造成的。高杂合率和重复序列表明木奶果基因组复杂，可能与木奶果雌雄异株相关，杂交后代不断进行基因重组、变异促进其基因组进化。

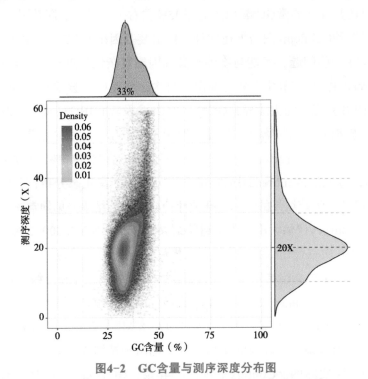

图4-2　GC含量与测序深度分布图

Fig. 4-2　Distribution of GC content and sequencing depth

4.3.3.2　组装质量评估

首先对DNA文库和RNA-Seq数据进行数据回比率评估，即用组装结果与测序数据进行比对。DNA文库共有16 788 875条reads，发现有16 596 760条reads比对上，占比98.86%，说明与组装好的基因组序列一致性高；其中比对≥1次的可达81.89%，成对reads比对到不同染色体的比例为15.8%，比对质量值≥5，并且比对到不同染色体上的比例为6.8%，整体reads被截断比对上的比例仅1.33%，表明该基因组组装比较完整。根据DNA文库的二代测序数据与组装序列的比对结果，把成对的reads比对到相同染色体时，对插入片段长度进行评估，得到的插入片段长度与建库片段大小一致（图4-3），进一步证明组装结果较好。

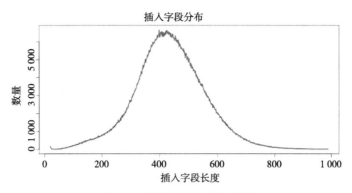

图4-3　插入片段长度分布图

Fig. 4-3　Distribution of insert fragment length

木奶果3个不同组织的RNA文库比对率分别是根88.38%、茎89.73%和叶90.43%（表4-6），说明木奶果基因组中有大量特定转录表达区域；叶比对率最高，推测与全基因组测序材料是嫩叶有关。根茎叶中reads比对到不同染色体，或者不满足插入片段要求的比例分别是18.76%、17.91%和17.04%；根茎叶中reads成对比对到相同染色体一次或多次，并且满足插入片段长度要求的比例分别是59.92%、82.09%和82.97%，表明木奶果根组织特异性基因较多，整个RNA数据的回比率较好，证明木奶果组装结果较好。

表4-6　RNA-Seq数据与组装结果的比对情况统计

Table 4-6　Comparison between RNA-seq data and assembly results

样品名 Sample name	序列数 Reads number	比对率 Mapping rate	Concordantly0	Concordantly1	Concordantly >1
根	30 563 210	88.38%	5 733 970；18.76%	14 953 466；48.93%	9 875 774；10.99%
茎	24 505 473	89.73%	4 389 943；17.91%	12 306 017；50.22%	7 809 513；31.87%
叶	29 533 881	90.43%	5 031 113；17.04%	15 069 818；51.03%	9 432 950；31.94%

注：Concordantly0表示Reads比对到不同染色体，或者不满足插入片段要求的比例；Concordantly1表示Reads成对比对到相同染色体一次，并且满足插入片段长度要求的比例；Concordantly>1表示Reads成对比对到相同染色体多次，并且满足插入片段长度要求的比例。

Notes：Concordantly0 means the ratio of Reads to different chromosomes or not meeting the requirements of inserted fragments；Concordantly1 means Reads were paired to the same chromosome once and meet the requirement of the length of the inserted fragment；Concorplanar >1 means Reads are pair-to-pair aligned to the same chromosome multiple times and meet the requirement for the length of the inserted fragment.

BUSCO使用单拷贝直系同源基因库对木奶果组装好的基因组进行完整性评估。BUSCO评估结果如下：共搜索到2 121个BUSCOs，完整单拷贝BUSCOs高达97.5%（完整且单拷贝BUSCOs占86.7%，完整多拷贝BUSCOs占10.8%）；覆盖不完整BUSCOs为0.8%，缺失BUSCOs为1.7%，表明木奶果全基因组中大部分单拷贝基因被完整组装，没有重复和过度组装，证明组装质量很好。

4.3.4 基因组注释及质量评估

4.3.4.1 重复序列和非编码RNA预测

真核生物基因组中广泛存在重复序列，近年来研究发现重复序列不仅具有编码功能，而且在演化中起到重要作用，它们的存在大大增加了新基因形成的可能；其对生命进化、遗传、变异等有重要的意义，在基因表达、转录调控、染色体构建等方面都有巨大的生物功能（Qian等，2017）；基因组的大小与重复序列紧密相关，重复序列的拷贝数直接影响基因组大小，按重复序列的排列方式可分为串联（tandem）和分散（interspersed）重复序列；也可分为反转录转座子、DNA转座子及未分类序列。木奶果组装后的重复序列见表4-7，总的重复序列高达73.47%，高于K-mer预估的57.5%，也证实了木奶果基因组较复杂。LTR-反转录转座子是植物基因组重复序列占比最高的一类转座子，也是基因组扩张的主要原因，所以高质量的LTR-反转录转座子至关重要（Ouyang等，2004；Xu等，2010）。LTR-反转录转座子比例高达52.1%，主要是Copia和Gypsy两种，长度和占全基因组的比例分别为89.67 Mb、9.19%和281.22 Mb，28.82%；其他LTR-反转录转座子合计达到137.53 Mb，占全基因组14.09%，说明木奶果基因组中有很多特异的LTR-反转录转座子。反转录转座子中非LTR-反转录转座子的LINE占比最低，为1.69%。DNA转座子总长35.96 Mb，占比3.67%；其中未鉴定到的其他类达1.82%。串联重复序列占比极低，为0.09%。未知的重复序列达到15.91%，证实木奶果有较多的新基因和特异基因。统计结果表明木奶果基因组大小主要是由重复序列的反转录转座子中的LTR-反转录转座子（占总重复序列的70.91%）决定的，木奶果基因组中仍存在大量未知的重复序列。

表4-7 木奶果基因组重复序列的统计结果

Table 4-7 Statistical of repeated sequences in the genome of *Baccaurea ramiflora* Lour.

类型 Family	重复序列分类 Repeat type	重复序列类型 Classification	数量 Number	长度 Masked （bp）	类型占基因组 比例 Masked（%）
Class I:	LTR-Retrotransposon	Copia	105 655	89 672 164	9.19

（续表）

类型 Family	重复序列分类 Repeat type	重复序列类型 Classification	数量 Number	长度 Masked （bp）	类型占基因组 比例 Masked（%）
		Gypsy	233 054	281 215 828	28.82
		Others	251 655	137 528 549	14.09
	Non-LTR Retrotransposon	LINE	26 666	16 477 327	1.69
Class Ⅱ：	Subclass I	CMC-EnSpm	4 131	4 298 089	0.44
		Maverick	103	22 394	0.00
		MULE-MuDR	11 864	10 371 377	1.06
		PIF-Harbinger	1 215	725 409	0.07
		hAT-Ac	2 729	1 282 578	0.13
		TcMar-Stowaway	138	40 387	0.00
		hAT-Tag1	605	396 218	0.04
		hAT-Tip100	1 239	413 528	0.04
		Others	75 918	17 750 231	1.82
	Subclass Ⅱ	Helitron	986	661 926	0.07
	Tandem Repeat	Simple repeat	3 824	846 506	0.09
	Unknown	—	648 953	155 225 579	15.91
	Total	—	1 368 735	716 928 090	73.47

非编码RNA（ncRNA）是不编码蛋白质的RNA，可分为rRNA、tRNA、snRNA、snoRNA及microRNA等，虽然它们不能翻译蛋白，但在RNA水平上都会有一定的生物学功能（Storz等，2002）。木奶果基因组中非编码RNA共发现有3 452个。主要以snRNA、rRNA和tRNA为主，分别是1 981个、674个和526个；其中snRNA中CD-box、splicing和HACA-box三个类型分别是1 861个、81个和39个。内含子有111个，miRNA有127个，sRNA有4个，lncRNA有3个，反义RNA有3个等。

4.3.4.2　基因预测

同源蛋白预测利用GeMoMa-1.6.1将木奶果的近缘种麻疯树*Jatropha curcas*、橡

胶树、木薯和银白杨的蛋白序列与组装好的木奶果基因组进行比对，预测基因结构，并结合RNA数据与组装结果的比对（表4-8），发现木奶果在4种近缘种比对预测的基因数为24 684～26 880个，平均CDS长度为1 321～1 379 bp，转录本包含的平均外显子数在5.3～5.5个，平均外显子长度为243～250 bp，平均内含子长度为478～483 bp。木奶果与4种近缘种的比对结果一致性高，基因结构预测在近缘种中表现基本一致，表明木奶果基因预测数据可靠。

表4-8　利用近缘种对木奶果进行基因结构预测的结果

Table 4-8　Prediction results of gene structure of *Baccaurea ramiflora* Lour. using its related species

物种 Organism	基因数 Number of genes	平均CDS长度 Mean CDS length（bp）	转录本包含的平均外显子数 Exons per transcript	平均外显子长度 Mean exon length（bp）	平均内含子长度 Mean intron length（bp）
麻疯树 *J. curcas*	26 880	1 362	5.5	249	483
橡胶树 *H. brasiliensis*	29 670	1 336	5.3	250	479
木薯 *M. esculenta*	27 387	1 379	5.5	250	478
银白杨 *P. alba*	24 684	1 321	5.4	243	494

RNA-seq组装后的基因达34 620个，CDS平均长为1 176 bp，每个转录本有6.3个外显子，外显子平均长为360 bp，内含子平均长为675 bp，相比同源蛋白预测数据都偏高。

基因结构预测通过GlimmerHMM、Augustus、SNAP和GeneMarkes等软件，利用木奶果RNA-seq数据进行基因结构预测（表4-9），再用EVM软件对从头预测、同源蛋白预测和RNA-seq基因预测结果进行整合，最后木奶果注释结果见表4-10，注释到木奶果蛋白编码基因总数为29 172个，基因总长度约127.25 Mb，平均长度约4.4 Kb；转录本32 692个，总长约52.18 Mb，平均长为1.60 Kb，每个基因平均有1.1个转录本；外显子共185 435个，可编码外显子数178 416个，平均长为281 bp，每个转录本含5.7个外显子；内含子共152 743个，均长629 bp；CDS总长约40.83 Mb，均长1 248 bp。

表4-9　木奶果基因组4种方法的基因结构预测结果

Table 4-9　Prediction results of gene structure of 4 methods in the genome of *Baccaurea ramiflora* Lour.

方法 Methods	基因数 Number of genes	平均CDS长度 Mean CDS length （bp）	每个转录本所含 外显子 Exons per transcript	外显子平均长度 Mean exon length （bp）	内含子平均长度 Mean intron length （bp）
GlimmerHMM	40 897	752	3.7	203	6 222
Augustus	114 008	1 276	4	315	515
SNAP	52 473	927	6.4	145	4 138
GeneMarkes	34 126	1 074	5	215	594

表4-10　木奶果基因结构预测统计

Table 4-10　Gene model prediction statistics in *Baccaurea ramiflora* Lour.

类型 Type	数量 Value
基因数	29 172
基因总长（bp）	127 254 215
基因均长（bp）	4 362
转录本数	32 692
平均每个基因包含的转录本数	1.1
转录本总长（bp）	52 174 963
转录本均长（bp）	1 595
外显子数	185 435
平均每个转录本包含的外显子数	5.7
外显子均长（bp）	281
编码外显子数	178 416
内含子数	152 743
内含子均长（bp）	629
编码区总长（bp）	40 826 528
编码区均长（bp）	1 248

4.3.4.3 编码基因功能注释

基因功能注释与5大数据库（NR、Swiss-Prot、eggNOG、GO和KEGG）进行比对，获得数据库比对信息见图4-4，蛋白编码基因共29 172个，已注释25 980个（占89.06%），未注释3 192个（占10.94%），表明木奶果有许多未知的基因，推测木奶果的进化过程中具有较高的独特性。NR、SwissProt、eggNOG、GO和KEGG分别注释到编码基因25 962个（占89.00%）、19 939个（占68.36%）、24 699个（占84.67%）、17 621个（占60.40%）、8 724个（占29.91%）；3 192个基因未被注释，占总基因数10.94%，推测木奶果有大量的特异基因未被发现；5个数据库均注释到的基因有7 310个。KEGG数据库注释较少，可能与木奶果为野生树种相关，其未知的基因功能较多。其他各个数据库的注释率均较高，能较好地对木奶果的基因功能注释进行预测，也进一步证明了基因结构预测结果较好。

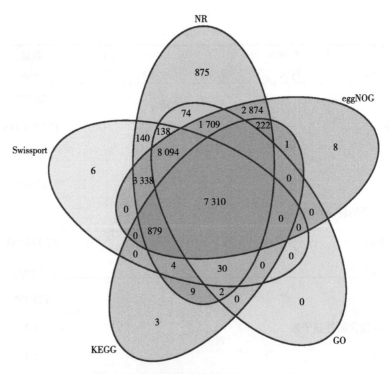

图4-4　木奶果基因功能注释Venn分析

Fig. 4-4　Venn analysis of gene functional annotation in *Baccaurea ramiflora* Lour.

共有序列的eggNOG功能分类见图4-5，分为25类，主要是信号转导机制、细胞内运输分泌和囊泡运输、翻译后修饰和蛋白质转换、转录、碳水化合物转运和代谢等。GO注释分为生物过程（BP，biological process）、细胞组分（CC，cellular component）和分子功能（MF，molecular function）3类，分别注释到的前20种类型见图4-6。BP主要是氧化还原过程、蛋白磷酸化和DNA模板的转录调控和磷酸化作用；CC主要是膜的组成部分、核、膜等；MF主要是ATP-binding、锌离子结合和金属离子结合。

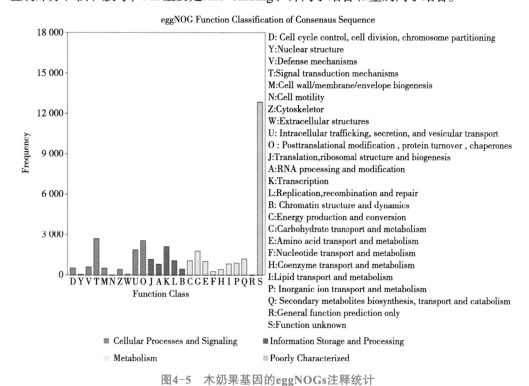

图4-5 木奶果基因的eggNOGs注释统计

Fig. 4-5 EggNOGs annotation statistics of the genes in *Baccaurea ramiflora* Lour.

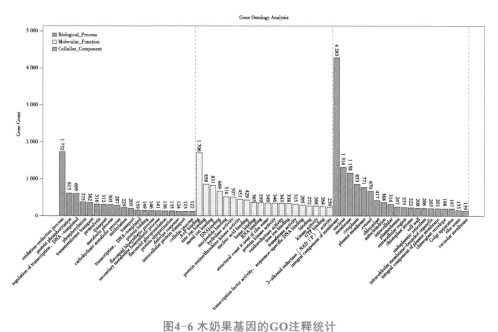

图4-6 木奶果基因的GO注释统计

Fig. 4-6 GO annotation statistics of the genes in *Baccaurea ramiflora* Lour.

4.4 木奶果的比较基因组

4.4.1 木奶果与近缘种的同源基因比较

叶下珠科原属于大戟科，为进一步了解木奶果在进化过程的位置，以拟南芥为外类群，将木奶果与具近缘种5个被子植物进行同源基因分析，7个物种中共得到206 360条蛋白序列。木奶果、蓖麻、木薯、橡胶树、麻疯树、胡杨和拟南芥分别是27 886条、18 174条、26 645条、30 653条、20 267条、28 266条和22 938条，各物种中特有蛋白序列分别是3 283条、304条、747条、1 024条、542条、875条和3 081条，单拷贝基因序列分别是6 267、8 440、5 836、4 836、8 214、4 407和6 863。木奶果特异性基因家族中，GO富集到102类，KEGG途径富集到13类。原大戟科5个物种（木奶果、蓖麻、木薯、橡胶树、麻疯树）的基因家族聚类分析如图4-7，共有的基因家族有11 667个基因，木奶果特有的基因家族为1 150个基因，表现最高，推测木奶果在植物进化中获得了新的基因家族/基因。

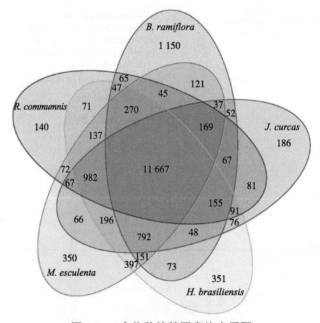

图4-7　5个物种的基因家族韦恩图

Fig. 4-7　Venn diagrams of gene families in 5 species

4.4.2 系统进化与基因家族扩张收缩分析

通过OrthoMCL对木奶果、蓖麻、木薯、橡胶树、麻疯树、胡杨和拟南芥7个物种基因家族的聚类结果，利用1 739个单拷贝同源基因用于建树。系统发育树（图4-8）显示木奶果与大戟科4个物种聚为2类，与APG IV系统木奶果所在叶下珠科一致。本节研究把木奶果与大戟科物种的分化时间大约在59.9 Mya（50.4～75.2 Mya），胡杨与木奶果和大戟科的分化时间大约在66.6 Mya（53.4～84.2 Mya），拟南芥与其他物种的分化时间大约在108.0 Mya（107～109 Mya）。

木奶果在进化过程中173个基因家族发生扩张，22个基因家族进行了收缩；木奶果与大戟科4个物种相比只有9个基因家族进行了收缩，未见扩张，表明木奶果与大戟科的亲缘关系很近。

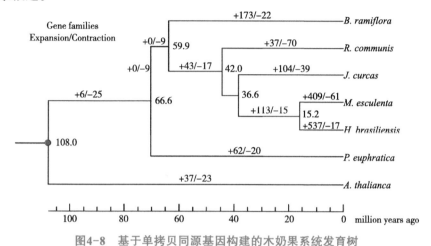

图4-8　基于单拷贝同源基因构建的木奶果系统发育树

Fig. 4-8　Phylogenetic tree construction of *Baccaurea ramiflora* Lour. based on single copy homologous sequences

正向选择中，通过似然比检测，筛选到受正向选择的候选基因278个（P值<0.05），并对这些基因进行功能富集分析，GO途径中发生了正向选择有160类，KEGG途径发生了正向选择的有4类（图4-9）。

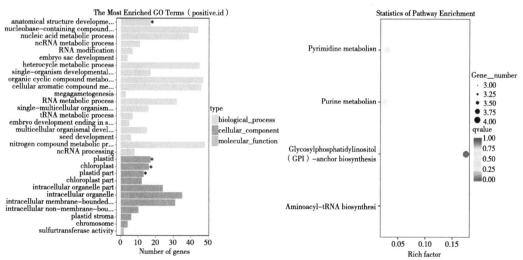

图4-9　正向选择候选基因的GO富集和KEGG富集途径

Fig. 4-8　GO enrichment and KEGG enrichment pathways of positively selected candidate genes

4.4.3　全基因组复制及共线性分析

　　全基因组复制事件在植物进化和物种形成具有重要意义，WGD伴随着基因的加倍，为植物的进化提供新遗传基因，加速新基因的产生和基因家族的扩张，增加适应环境变化的能力，推动植物进化。木奶果与胡杨和木薯同源基因的Ks和4DTv分布图（图4-10）同时显示木奶果基因组大致有1个峰值，其对应的Ks值和4DTv值分别为2.4和0.6左右，且胡杨和木薯中均存在该峰值，推测为真双子叶分化之前发生的全基因组三倍化事件（γ）。因此，木奶果基因组未检测到近期的基因组重复信号。

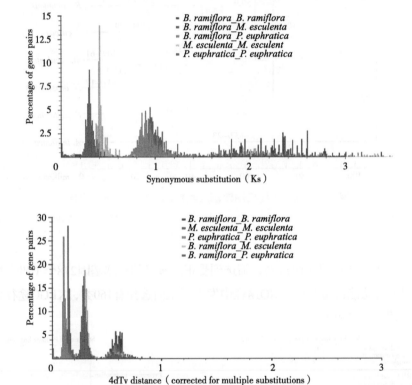

图4-10　木奶果旁系同源基因Ks和4DTv分布图

Fig. 4-10　Pairwise Ks and 4DTv values of all paralogs gene pairs within *Baccaurea ramiflora* Lour.

　　葡萄基因组具有较好的被子植物祖先中的染色体遗迹，作为分析被子植物物种共线性的常用参考基因组。木奶果与葡萄的共线性比对找到了13 698对同源基因，点状图（图4-11）显示木奶果与葡萄基因组之间存在较多共线性片段，但相同位置的长片段几乎不能匹配在不同区间，推测它们在演化中分开后没有经历过WGD事件，与Ks和4DTv的分析结果一致。但发现有些片段在其他区间会有较模糊的散点匹配，推测是远古全基因组三倍化γ事件导致木奶果基因组留下的遗迹。说明木奶果基因组与葡萄共线性一致。

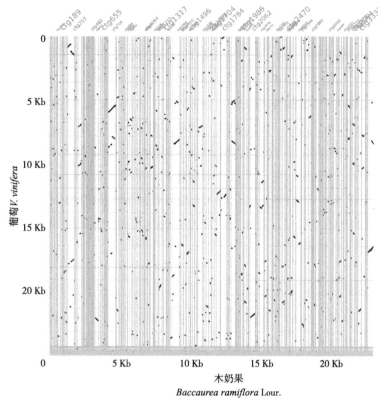

图4-11 木奶果与葡萄基因组共线性点状图

Fig. 4-11 Inter-genomic syntenic dotplot within *Baccaurea ramiflora* Lour. vs *V. vinifera*

4.5 木奶果全基因组测序分析

4.5.1 木奶果基因组测序评估

随着高通量测序技术的快速发展，多个植物物种的植物基因组开展了测序工作，为植物的性状研究提供了更全面、更准确的信息。木奶果属于雌雄异株，杂合度高且基因组复杂，木奶果的全基因组测序及组装则更为困难。对于杂合度高和重复序列多的复杂基因组测序，单纯的二代测序技术难以满足其要求。三代测序采用单分子实时测序，具有无需PCR扩增、超长读取序列等优点（柳延虎等，2015），因此本节研究通过PacBio SMRT技术，结合二代测序数据进行纠正组装，进行组装木奶果复杂基因组（杨悦等，2015）。

参考王遂（2019）对白桦全基因组的测序，本节研究同样发现了木奶果三代测序中提取的长片段DNA很难满足三代测序要求，主要表现为长度不够、浓度低、总量少和纯度不够（样品黏稠）。木奶果的树叶中含有大量的次生代谢物，包含多酚、内酯和甾醇等（Usha等，2017；徐静等，2007；宁德生等，2014）；由于木奶果次

生代谢物对长片段DNA提取的干扰，单纯的商业化DNA提取试剂盒不能较好地满足DNA提取的质量要求。最终，本试验先通过改良的CTAB法提取大量的粗DNA，再结合FC-121-4001试剂盒进行提纯获得高质量长片段DNA片段。三代测序深度为100 X，共获得~114.12 Gb的DNA原始reads 7 246 556条，平均长度为15 750.4 bp，Reads N50为24.44 Kb，长度大于5 Kb的reads为5 514 619条，占76.10%，长度大于5 Kb的reads的碱基数目约110.01 Gb，占96.4%，表明三代测序数据较好。根、茎、叶二代测序RNA数据质量值大于20的碱基所占比例为97.85%~98.04%，质量值大于30的碱基所占比例93.92%~94.33%，表明根、茎、叶三个组织的RNA数据产出均一性高，质量较好。因此，对于杂合度较高的木本植物，其DNA的提取可采用改良CTAB法结合DNA提取试剂盒；但是Reads N50依然较低，对未来复杂度高的木本植物还需要进行DNA提取优化，来保证更高的DNA完整性。

4.5.2　木奶果基因组组装

根据乌云塔娜等（2014）对基因组杂合度和重复序列比例进行划分，基因组可分为高杂合（杂合度>0.8%）、微杂合（杂合度>0.5%）、高重复（重复序列>50%）等，K-mer分析显示木奶果杂合度为0.634%，重复序列占比57.5%，属于微杂合高重复的复杂基因组。对于杂合度较高的复杂基因组组装具有一定难度，因此本节研究采用了Canu+去冗余、WTDBG（Canu纠错+WTDBG组装）、WTDBG+去冗余和Flye+去冗余4种方法对木奶果基因组进行组装。4种组装方法都不能较好地满足组装质量，出现二代数据唯一比对低、GC-depth图中出现明显的异常GC峰，说明木奶果基因组的杂合度严重影响了组装质量。考虑到组装难度可能与物种本身复杂性相关，进一步对组装结果中异常峰的原始subreads进行过滤，主要过滤GC含量在40%~45%/45%~50%区间的subreads，再分别使用Canu及WTDBG进行组装，初步组装结果未见异常GC峰，去冗余后基因组大小接近survey评估大小，本次组装结果的Contig N50在300 Kb左右；参考杂合率较高的白桦全基因组组装，其Contig N50为300 Kb属于较优（王遂，2019），说明该木奶果全基因组的组装也较好。前期二代重测序的验证及两次三代建库的组装结果，推测Contig N50较低是木奶果基因组复杂性造成的。为了进一步提高组装结果，通过过滤木奶果中线粒体和叶绿体高同源subreads序列后，剩余序列进行Canu+去杂合组装得到最优结果，GC含量呈正态分布、无异峰。最后，组装获得木奶果的基因组大小为975.8 Mb，Contigs序列共3 346条，Contig N50为509.33 Kb，Contig Max达7.74 Mb；对于杂合率较高的木奶果基因组，Contig N50能达到509.33 Kb，表明组装效果较好。组装的基因组大小与K-mer预估的相近，表明木奶果基因组没有被过度扩张和压缩，组装过程较好。GC含量达到35.31%，覆盖度在10 X~30 X，20 X形成峰，推测是由杂合度高引起的。组装评估中，DNA文库比对发现比对率占比98.86%，木奶果根、茎、叶中不同组织的RNA文库比对率分别是88.38%、89.73%和90.43%，完整单拷贝BUSCOs高达97.5%，都表明木奶果基因组组装较好。综上，对于杂合度和重复性都较高的复杂基因组组装，为保证组装质量应对异常峰的原始subreads、线粒体和叶绿体高同源subreads序列进行过滤。

4.5.3　木奶果基因组结构

编码基因预测通过 *Ab initio* 预测、同源注释和RNA-seq注释获得，功能注释通过与5个公共数据库的比对，预测到29 172个蛋白编码基因，其中25 980个被注释，占89.06%。不同植物基因组存在巨大差异，转座子的扩增和基因组的多倍化事件增加重复序列，使基因组的复杂性变大（Xu等，2010；Moghe等，2014；Nystedt等，2013）。转座子的扩张是导致基因组增加的动力，尤其LTR-反转录转座子的扩增在植物基因组广泛存在（Storz等，2002）。木奶果基因组中重复序列占比达到73.47%，表明高度重复；其中LTR-反转录转座子占基因组的52.1%，Gypsy类型和Copia类型转座子分别占重复序列的55.32%和17.64%，对木奶果基因组重复序列影响最大。另未知的重复序列占比达到基因组的15.91%，说明木奶果有较多的特殊保守序列，与其物种进化相关，可能对木奶果特异的性状表达具有重要意义。

4.5.4　木奶果比较基因组

木奶果、蓖麻、木薯、橡胶树、麻疯树、胡杨和拟南芥7个物种基因家族的系统发育树显示木奶果与大戟科聚为2类，与前期的系统进化研究一致。木奶果与大戟科物种的分化时间固定在59.9 Mya，胡杨与木奶果和大戟科的分化时间固定在66.6 Mya，表明木奶果、胡杨与大戟科亲缘关系较近。木奶果在进化过程中173个基因家族发生扩张，22个基因家族进行了收缩；木奶果与大戟科4个物种相比只有9个基因家族进行了收缩，未见扩张，表明木奶果与大戟科的亲缘关系很近。278个基因发生正向选择，表明木奶果在适应环境时获得了不少新基因。共线性分析推测是远古全基因组三倍化γ事件导致木奶果基因组留下的遗迹。说明木奶果基因组与葡萄共线性一致，进一步证明木奶果在葡萄之后没有发生WGD事件。WGD事件和共线性都表明木奶果与葡萄基因组类似，在被子植物出现后只经历了远古全基因组三倍化事件，近期没有WGD事件发生。木奶果基因组约为葡萄基因组的2倍，主要是由本身大量的LTR-反转录转座子导致的。

第 5 章

木奶果的果肉品质代谢组学研究

木奶果果实是一种呼吸跃变型野生水果，后阶段成熟中会迅速软化，其中可溶性糖、有机酸、氨基酸、脂类、类黄酮、萜类等物质会发生一系列代谢变化。相比基因组和转录组，代谢组是对生物体内初级代谢物和次级代谢物种类及含量最直观的表现，能直接反映生物体性状的变化。为研究木奶果不同发育期果肉的性状变化，本章选取较受喜爱的两种木奶果，通过非靶代谢组测定了木奶果不同成熟期果肉的营养物质的成分及含量，通过生物信息学分析对代谢物数据预处理、数据质量控制、统计分析、筛选差异代谢物、通路注释及通路富集分析等，为研究木奶果果肉成熟发育调控的分子机制奠定基础。

5.1 代谢组学在果品研究中的意义

果实成熟发育的研究离不开代谢组。代谢组是生物体发育和生理状态在代谢水平的体现，是生物体表型的基础。它是基因组与表型组的中间桥梁，通过解析代谢组能更高效地了解生命体中的各种生物学过程及其生化和分子机理。代谢物的差异积累信息能促进对时空表达中多数基因的"共表达"的分析，发现基因功能，研究其分子生化机制，有效地将基因与表型相联系。近年来果实成熟发育发展的代谢组主要集中在对果实气味和味道的研究。气味（由挥发性化合物引起）和味道（由非挥发性化合物引起）都对水果的口感有影响（Malundo等，1995）。味觉通常分为甜和酸，两者与组成成分有关，糖和有机酸的浓度最为关键（Chen等，2009；Crisosto等，2004；Minas等，2013；Wang等，2009）。氨基酸的组成和丰富程度同样能够影响口感（Choi等，2012；Phillips等，2015；Zhang等，2014）。前期果实代谢物的研究主要是分析特定的代谢物种类，从一个角度来解释其差异。为了系统地了解不同代谢物类别的贡献，需要开展代谢物的大规模鉴定和量化。基于液相色谱-串联质谱（LC-MS/MS）的定靶、广泛靶向或非靶向代谢组学分析是一种快速、可靠的方法，广泛用于检测多种植物代谢物，可得出众多有意义的研究成果（Chen等，2013；Yu等，2019）。例如：Zou等（2020）利用广泛靶向代谢组学对枇杷2个栽培品种"Baiyu"（白色果肉）和"ZaozhongNo.6"（黄色果肉）进行了研究，测定了其糖、有机酸、氨基酸、酚类、类黄酮、维生素和脂质等不同类型的物质，并从中鉴定出与枇杷味道相关的核心物质；Hadjipieri等（2017）利用LC-MS研究"Obusa"橙色枇杷品种6个发育时期果皮和果肉组织中类胡萝卜素生物合成的代谢物，分析其发育过程中差异代谢物的变化；Zhao等（2021）通过空间代谢组学分析来揭示枸杞Lycium chinense果实发育过程中代谢物的空间分布。可见，代谢组能较全面地反映果实中的各类营养物质及其与口感相关的物质鉴定，对理解转录组中基因表达及调控网络具有重要作用。

5.2 木奶果果实发育的代谢组学

5.2.1 材料

供试的2个木奶果地方品系：LR（成熟时果皮偏绿色、果肉乳白色）和BR（成熟时果皮偏白色、果肉粉红色）（图5-1），BR相比LR口感较甜。2个地方品系均为地方民众多年筛选保留下来的种质资源，现广泛栽培于广西防城港至崇左一带。实验材料采自广西防城港防城区那梭镇那梭中学旁（21°42′33″N，108°6′29″E），海拔20 m，村民种植的木奶果树，树龄10年以上，长势健康且均为盛果期。

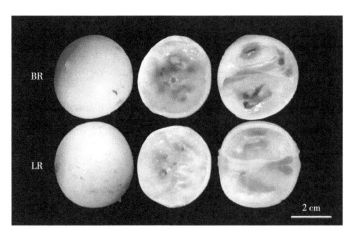

图5-1　LR和BR木奶果成熟期果实表型

Fig. 5-1　Mature *Baccaurea ramiflora* Lour. fruits from LR（white-fleshed）and BR（pink-fleshed）local strains

5.2.2 样品采集

选取LR和BR两种材料，对果实成熟发育5个时期（盛花期后30天、52天、73天、

93天、112天）的果实进行采样（图5-2），每个地方品系从3棵长势较好且均衡的树上各采集6个成熟度一致且良好的果实，共18个相同品系果实混在一起，然后随机取4个相同品系的果肉作为一个生物样本，3次生物学重复。野外采集后立即放液氮保存，回实验室存放在-80℃冷冻冰箱保存，备用。

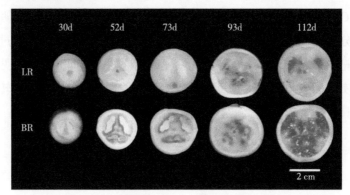

从左至右分别为盛花期后30天、52天、73天、93天、112天。

From left to right, 30 d, 52 d, 73 d, 93 d and 112 d after the full flowering, respectively.

图5-2　LR和BR两种木奶果成熟发育过程5个时期果实剖面图

Fig. 5-2　5 fruit profiles of the maturation process of *Baccaurea ramiflora* Lour. in LR and BR

5.2.3　代谢物提取

先称取50 mg木奶果果肉样品，放于1.5 mL离心管中，再加入2颗小钢珠，接着加入800 μL提取液［甲醇：水=7：3（体积），-20℃预冷］和20 μL内标（d3-亮氨酸，13C9-苯丙氨酸，d5-色氨酸，^{13}C3-黄体酮），将离心管放入组织研磨仪（JXFSTPRP，上海静信，中国）中进行研磨（频率50 Hz，5 min）；然后4℃水浴超声30 min后，于-20℃冰箱中静置1 h；再然后4℃，低温高速离心机（Centrifuge 5430，Eppendorf）上14 000 r/min离心15 min；离心后取600 μL上清液，过0.22 μm滤膜后，最后将过滤后的样品置于上样瓶中等待UPLC-MS/MS分析。

5.2.4　UPLC-MS/MS分析

利用UPLC-MS/MS技术进行木奶果果肉非靶向代谢组学分析，采用超高效液相（Waters 2D UPLC，Waters，美国）进行代谢物的分离，串联Q Exactive高分辨质谱仪（Thermo Fisher Scientific，美国）对代谢物进行检测，分别采集正离子和负离子2种模式下的数据，来提高代谢物覆盖度。

色谱条件：色谱柱为Hypersil GOLD aQ色谱柱（100 mm × 2.1 mm，1.9 μm，Thermo Fisher Scientific，美国），流动相成分由含0.1%甲酸的水溶液（A液）和含0.1%

甲酸的100%乙腈（B液）组成。洗脱采用以下梯度进行：首先0 ~ 2 min，5% A液；再2 ~ 22 min，5% ~ 95% A液；然后22 ~ 27 min，95% B液；最后27 ~ 30 min，5% B液。流速0.3 mL/min，柱温40℃，进样量5 μL/次。

质谱条件：利用Q Exactive质谱仪对代谢物分别进行一级和二级质谱数据采集。质谱扫描质核比范围为150 ~ 1 500，一级分辨率为70 000，AGC为1e^6，最大注入时间为100 ms。按照母离子强度，选择Top3进行碎裂，采集二级信息，二级分辨率为35 000，AGC为2e^5，最大注入时间为50 ms，碎裂能量设置为：20eV，40eV，60eV。离子源（ESI）参数设置：鞘气流速为40，辅助气流速为10，喷雾电压（|kV|）正离子和负离子模式分别为3.80和3.20，离子传输管温度为320℃，辅助气加热温度为350℃。甲醇（A454-4）、乙腈（A996-4）均为LCMS级别（Thermo Fisher Scientific，美国）；甲酸氨（17843-250 G，Honeywell Fluka，美国），甲酸（50144-50 mL，DIMKA，美国），水由纯水仪（Milli-Q Integral，Millipore Corporation，美国）提供。

5.2.5 数据质控

数据质控（QC）样本由木奶果LR和BR果肉中的每个样品各取20 μL混合而成，用于评估实验的重复性和稳定性。包括QC样本的提峰数量、峰响应强度差异、PCA和色谱图重叠。

5.2.6 MS数据处理及统计分析

将超高效液相串联质谱采集的木奶果果肉质谱原始数据导入Compound Discoverer 3.1软件进行数据处理分析，包括峰提取、背景峰标记、保留时间校正、缺失值填充、加合离子合并和代谢物鉴定等，获得化合物分子量、保留时间、峰面积和鉴定结果等信息。代谢物的鉴定参考了贝瑞自建标准品库，mzCloud和ChemSpider（HMDB、KEGG、LipidMaps）多个数据库。

数据预处理通过metaX软件进行，利用概率上归一化方法（probabilistic quotient normalization，PQN）（Guida等，2016）计算所有QC样品的平均值，获得参考矢量；计算每个样本与参考矢量之间的中值，得到相关的系数矢量，然后将每个样本除以系数向量的中值，通过数据归一化，得到相对峰面积；再基于QC样本信息对真实样本信号进行局部多项式回归拟合信号校正（quality control-based robust LOESS signal correction，QC-RLSC）（Dunn等，2011）来校正批次效应，删除QC样品中相对峰面积的变异系数（Coefficient of Variation，CV）大于30%的化合物。

利用贝瑞和康基因公司自主研发的代谢组学R软件包metaX（Wen等，2017）对代谢物进行统计分析，包括代谢物分类注释和功能注释。通过主成分分析（principle

component analysis，PCA）对多变量的原始数据进行降维，分析样本组内和组间相似性和差异性及离群值（是否存在异常样本）。采用偏最小二乘法-判别分析（partial least squares method-discriminant analysis，PLS-DA）模型（Barke等，2003）来计算两个主成分的变量投影重要度（variable important for the projection，VIP），VIP能衡量各代谢物表达模式对各组样本分类判别的影响强度和解释能力，可辅助代谢标志物的筛选。数据先进行log2对数转换，再建立PLS-DA模型，scaling采用的方法为Par；进行7次交互验证，对PLS-DA的模型进行200次响应排序检验（response permutation testing，RPT），来判断模型质量。结合单变量分析获得的差异变化倍数（fold change，FC）和T检验（student's t test）的结果来筛选差异代谢物。PCA和FC都经过log2处理，筛选的标准是$P<0.05$，VIP$\geq$1，FC$\geq$1.2或者FC$\leq$0.83。

5.3　木奶果的果肉代谢组

5.3.1　代谢物数据质控

将所有木奶果QC样本的基峰离子流图（base peak chromatogram，BPC）进行重叠，BPC是将每个时间点质谱图中最强的离子的强度连续描绘得到的图谱。QC样本的BPC重叠图见图5-3，发现谱图重叠良好，保留时间基本一致和峰响应强度波动较小，表明仪器在整个样本检测分析过程中状态良好，信号稳定。

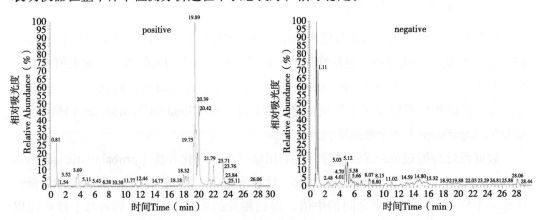

图5-3　QC样本在正负离子模式下的BPC重叠图

Fig. 5-3　BPC overlap diagram of QC sample in positive and negative ion mode

5.3.2　木奶果果肉主要成分

为了更好地了解木奶果地方品系的风味差异，对LR和BR果肉进行了基于LC-MS/MS技术的非靶代谢产物分析，分别代表乳白色和粉红色两种地方品系。在木奶果果实完全成熟期共鉴定出541个代谢物，正离子模式361个、负离子模式201个，其中21个重复。影响味道的主要成分有初级代谢物12种碳水化合物、3种有机酸、7种氨基酸及其8种衍生物、2种维生素、41种脂肪酸及次级代谢物42种类黄酮、8种酚、6种酚酸、26种苯丙烷、4种类固醇及其5种衍生物、75种萜类。

Pandey等（2018）用传统方法研究了木奶果果肉成分，测定得到碳水化合物（86.14%）、粗蛋白质（5.43%）、粗脂肪（1.24%）、粗纤维（3.6%）等少量营养成分和一些矿质元素（钙23.77 μg·L^{-1}、镁21.67 μg·L^{-1}、钾375.37 μg·L^{-1}、钠7.99 μg·L^{-1}、铁29.55 μg·L^{-1}、钼1.03 μg·L^{-1}、锌0.97 μg·L^{-1}、铜14.33 μg·L^{-1}、锰37.29 μg·L^{-1}）；木奶果成熟期果肉代谢物主要成分见表5-1，相比前期研究，非靶代谢组对木奶果果肉物质的鉴定研究更加系统。

表5-1 木奶果果肉代谢物主要成分

Table 5-1 The principal content of pulp metabolites of *Baccaurea ramiflora* Lour.

类别Class	类名Name	峰面积Peak area	
		LR	BR
碳水化合物	*L*-山梨糖	39 999 886	83 410 784
	D-(+)-葡萄糖	10 916 966	27 537 125
	Bis（methylbenzylidene）sorbitol	9 370 193	16 922 382
有机酸	柠檬酸	957 636	881 800
氨基酸	*L*-苯丙氨酸	1 699 553	2 457 337
	L-络氨酸	671 365	954 500
	DL-精氨酸	577 766	951 947
脂肪酸	油酰胺	416 890 540	687 258 376
	A-酮酸	5 025 737	8 767 406
	羊角脂肪酸F	6 257 915	1 485 635
类黄酮	漆树黄烷酮	9 434 449	29 778 553
	原花青素B$_1$	16 984 852	19 845 605
	(+)-儿茶素	10 539 232	11 000 038
酚	连翘酯苷E	21 240 362	67 519 906
	豆腐果苷	2 814 904	6 163 697
	草夹竹桃苷	348 490	365 995
酚酸	对羟基苯甲酸异丁酯	573 242	824 878
	对羟基苯甲酸乙酯	262 955	386 820
	牡丹酚原秆苷	150 617	225 871
苯丙烷类	白花前胡醇	1 311 023	1 915 479

（续表）

类别Class	类名Name	峰面积Peak area	
		LR	BR
	肉桂醇苷	1 055 842	6 145 990
	紫花前胡醇	581 389	593 636
类固醇	5α-二氢睾酮	56 743	22 332
萜类	苍术苷A	12 688 451	12 100 071
	白术内酯Ⅱ	1 148 123	1 503 393
	羽扇豆醇	303 648	117 511
维生素	泛酸（维生素B₅）	1 042 224	1 825 766
	DL-硫辛酸	30 844	34 438

5.3.3 LR5和BR5成熟期差异代谢物分析

对正负离子模式下的代谢物峰面积进行主成分分析，分别经过log2处理。PCA显示QC样本聚集在中心，LR和BR样本分别聚在一起，和QC样本在正负离子下分离开，呈显著差异性（*P*<0.05，图5-4）。对木奶果果肉差异代谢物的峰面积进行Log10变换并进行后续的层次聚类分析，以消除数量对模式识别的影响。通过分析，发现LR和BR是两个差异明显的类群（图5-5）。因此，PCA和层次聚类分析表明，这两个品系具有不同的代谢特征。

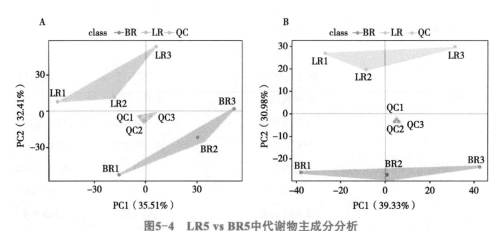

图5-4　LR5 vs BR5中代谢物主成分分析

Fig. 5-4　PCA analysis of metabolites identified from LR5 vs BR5

QC为混合等量的LR和BR果肉样品，（A）正离子模型；（B）负离子模型（下同）。

Equal volumes of LR and BR fruit samples were mixed for use as a quality control（QC）.（A）Positive ion model；（B）Negative ion model（The same as below）.

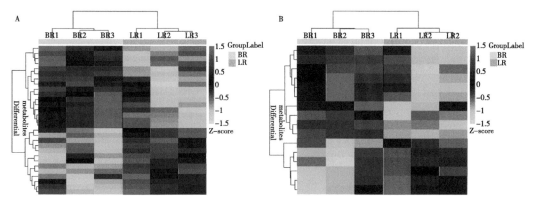

图5-5　LR5 vs BR5中代谢物聚类分析

Fig. 5-5　Cluster analysis of metabolites from samples of LR5 vs BR5

颜色代表每种代谢物的累积水平，由低（绿色）到高（红色），分值表示标准差单位的均值偏差。

The colour indicates the level of accumulation of each metabolite，from low（green）to high（red）. The score represents the deviation from the mean by standard deviation units.

　　不同于主成分分析法，偏最小二乘法-判别分析（PLS-DA）是一种有监督的统计方法（Barker等，2003），可以最大程度地反映分类组别之间的差异，该方法运用偏最小二乘回归建立代谢物表达量和样品类别之间的关系模型，来实现对样品类别的建模预测。同时通过计算VIP值来衡量各代谢物表达模式对各组样本分类判别的影响强度和解释能力，从而辅助代谢标志物的筛选，一般认为VIP>1才表示该变量对样本类别的区分有显著作用。在PLS-DA分析模型的响应测序检验图中（图5-6），R2Y和Q2均接近于

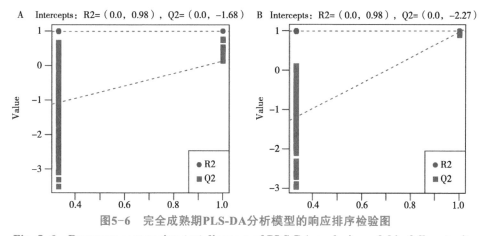

图5-6　完全成熟期PLS-DA分析模型的响应排序检验图

Fig. 5-6　Response sequencing test diagram of PLS-DA analysis model in full maturity

　　最右侧的两个点分别为模型真实的R2Y和Q2值，其余各点为所用的样本随机排列后得到的R2Y和Q2值。

　　The two points on the far right of the figure are the real values of R2Y and Q2 of the model respectively，while the other points are the values of R2Y and Q2 obtained after random arrangement of the samples.

野生热带水果植物
木奶果（*Baccaurea ramiflora* Lour.）

1，且Q2>0.5，说明模型更加稳定可靠。此外，当R2和Q2为响应测序检验时，R2和Q2回归线的y截距均小于0，说明该模型的预测效果较好。

为了鉴别LR和BR之间的差异代谢物，通过PCA筛选到57个差异代谢物，关于主要果品差异代谢物的统计见表5-2，然后本节研究选择了LR与BR相比发生1.2倍（上调）或0.83倍（下调）变化的代谢物，从PLS-DA模型中使用VIP≥1筛选代谢物。最后，本节研究筛选到两种木奶果完全成熟期存在45个差异代谢物（表5-2）。果肉中562个代谢物的火山图显示，与BR相比，LR有19个代谢物上调，26个代谢物下调；正离子模式中13个上调，16个下调（图5-7A）；负离子模式中6个上调，10个下调（图5-7B）。45种代谢物可分为11个不同的种类（图5-8），主要差异累积代谢物统计见表5-2。其中脂肪

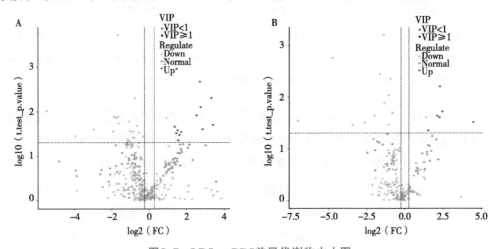

图5-7　LR5 vs BR5差异代谢物火山图

Fig. 5-7　Volcano plot of differentially accumulating metabolites between LR5 vs BR5

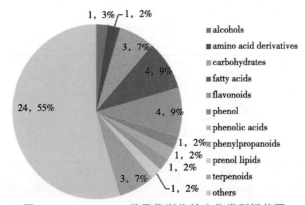

图5-8　LR5 vs BR5差异代谢物的生化类别饼状图

Fig. 5-8　Pie chart depicting the biochemical categories of the differential metabolites identified between LR5 and BR5

图中数值第一个是数量，第二个是百分比。

The first denomination is quantity，and the second denomination is percentage.

74

酸和类黄酮均占9%，碳水化合物和萜类均占7%，其他类占到55%；另包含氨基酸衍生物、酚类及苯丙素类等，未发现氨基酸和有机酸中有差异代谢物。

表5-2　LR5 vs BR5果肉主要差异累积代谢物统计

Table 5-2　Statistics of main differentially accumulating metabolite in the flesh of LR5 vs BR5

类别Class	代谢物 Metabolites	峰面积Peak area		*P* <0.05	VIP ≥1	FC ≥1.2/≤0.83	类型 Type
		LR	BR				
醇类	*D*-(-)-奎尼酸	84 033 ± 12 466	173 018 ± 31 695	0.03	1.08	−1.242	↓
氨基酸衍生物	乙酰氨基	3 010 ± 223	5 302 ± 621	0.02	**0.59**	−0.82	—
苯衍生物	氟司必林	788 474 ± 92 646	1 450 790 ± 17 776	0.03	**0.54**	−0.88	—
碳水化合物	耐斯糖	80 495 ± 5 682	209 274 ± 13 632	0.00	1.49	−1.378	↓
	D-(+)-葡萄糖	10 916 966 ± 1 936 846	27 537 125 ± 3 796 789	0.01	1.13	−1.335	↓
	西伯利亚远志糖A3	252 895 ± 33 167	779 333 ± 51 988	0.00	1.81	−1.624	↓
脂肪酸	乙酸金合欢酯	111 335 ± 31 248	16 277 ± 5 010	0.01	2.46	2.774	↑
	二十碳五烯酸	122 324 ± 35 148	16 650 ± 1 956	0.03	1.61	2.877	↑
	茉莉酸	16 278 ± 2 834	6 187 ± 1 201	0.02	1.01	1.396	↑
	羊角脂肪酸F	174 221 ± 51 958	59 207 ± 14 932	0.04	1.15	1.557	↑
	棕榈酸甲酯	300 410 ± 26 731	477 004 ± 37 400	0.02	0.60	−0.677	—
	十八碳三烯酸甲酯	139 886 ± 14 812	73 992 ± 5 180	0.01	0.50	**0.92**	—
类黄酮	根皮苷	11 609 ± 4 031	124 972 ± 56 850	0.03	1.97	−3.428	↓
	黄杞苷	4 903 ± 3 792	644 632 ± 547 725	0.03	3.38	−7.039	↓
	橙皮苷	891 ± 62	24 419 ± 5 437	0.00	2.91	−4.776	↓

（续表）

类别Class	代谢物 Metabolites	峰面积Peak area		P <0.05	VIP ≥1	FC ≥1.2/≤0.83	类型 Type
		LR	BR				
	漆树黄烷酮	9 434 449 ± 1 770 318	29 778 553 ± 2 720 923	0.01	1.17	−1.658	↓
吲哚衍生物	吲哚–3–丙烯酸	342 816 ± 26 566	768 608 ± 135 270	0.04	**0.96**	**−1.16**	—
有机酸	甲氧基水杨酸	659 586 ± 102 407	1 410 976 ± 125 592	0.02	1.40	**−1.10**	—
酚	没食子酸月桂酯	100 890 ± 60 120	4 419.871 ± 1 485.82755	0.03	2.85	4.513	↑
酚酸	阿魏酸乙酯	50 011 ± 6 782	167 346 ± 38 058	0.01	1.39	−1.742	↓
苯丙烷类	咖啡酸	406 810 ± 78 507	92 166 ± 25 358	0.02	1.73	2.142	↑
孕烯醇酮脂类	D-δ-生育酚	281 908 ± 37 178	1 029 355 ± 238 866	0.01	1.92	−1.868	↓
萜类	野蔷薇苷	26 612 ± 6 576	2 652 ± 512	0.00	2.10	3.327	↑
	α-常春藤素	130 845 ± 14 859	461 652 ± 101 089	0.01	1.20	−1.819	↓
	羽扇烯酮	188 171 ± 60 885	31 919 ± 7 066	0.01	1.94	2.560	↑
	双氢葫芦素F	337 455 ± 121 377	60 717 ± 16 684	0.02	1.61	2.475	↑
	冬凌草乙素	655 ± 14	825 ± 44	0.04	**0.19**	−0.33	—

注：P为T检验值（$P<0.05$）；VIP为变量投影重要度（VIP>1）；FC为变化倍数（FC≥1.2或FC≤0.83）。不符合VIP或FC的粗体表示。"↓"代表下调，"↑"代表上调，"—"代表不显著。

Notes：P：Student's t test value（$P<0.05$）；VIP>1：Variable Important for the Projection；FC；Fold change（FC≥1.2 or FC≤0.83）.Those that do not meet the requirements for VIP or Fold change are shown in bold. "↓" indicates down，"↑" indicates up，and "—" indicates insignificant.

5.3.4 木奶果果肉的主要营养物质及代谢变化

5.3.4.1 可溶性糖

水果的味道是消费者重要的考虑因素，水果的味道可以分为甜、酸和涩味等。甜和酸与成分密切相关，影响水果的风味，主要由可溶性糖和有机酸决定（Wang

等，2009；关军锋，2001）。木奶果果实中发现了12种碳水化合物，其中以 L-山梨糖（ L-sorbose）、 D-(+)-葡萄糖［ D-(+)-glucose］、Bis（methylbenzylidene）sorbitol和蔗糖（Surcose）占大部分，未鉴定到果糖，可能其含量太少，该4种碳水化合物的5个不同成熟发育期含量变化见图5-9。 L-山梨糖含量最高，BR和LR中 L-山梨糖在成熟发育过程呈递增积累，前3个时期不呈显著性，93DAF时期急剧增加，表明开始进入成熟期，直到112DAF完全成熟时含量达到最高；仅BR4 vs BR3（ P 0.033，FC 2.327，VIP 1.301）呈显著上升。 D-(+)-葡萄糖含量次之，BR和LR总趋势与 L-山梨糖一致，93DAF时期急剧增加；其中LR3 vs LR2（ P 0.017，FC 1.780，VIP 1.170）和BR4 vs BR3（ P 0.011，FC 2.056，VIP 1.122）均呈显著上升，但在完全成熟期LR5 vs BR5（ P 0.013，FC −1.334，VIP 1.129）呈显著下降。 L-山梨糖和 D-(+)-葡萄糖含量在93DAF

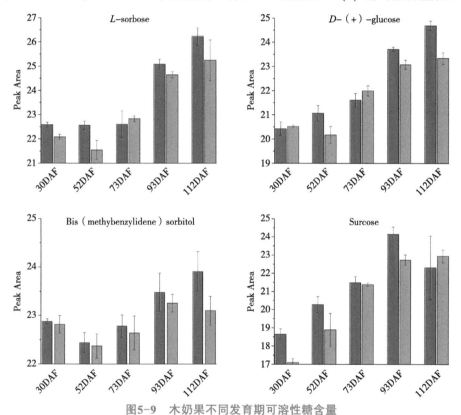

图5-9　木奶果不同发育期可溶性糖含量

Fig. 5-9　Soluble sugar content of different development stage in *Baccaurea ramiflora* Lour.fruit

横坐标表示木奶果盛花期后天数（数字为天数），纵坐标表示各代谢物经 Log_2 处理后的峰面积。红色代表BR，绿色代表LR。

The abscissa represents the number of days after the full flowering of *Baccaurea ramiflora* Lour., and the ordinate represents the peak area of metabolites after Log2 treatment.Red represents BR and green represents LR.

时急剧增加，表明木奶果果实在73DAF开始大量积累糖分，果实进入成熟阶段。Bis（methylbenzylidene）sorbitol的含量变化不大，相邻发育期不呈显著性，表明该成分不影响果肉口感或较小。蔗糖含量相对最小，发育过程中总体呈上升趋势，仅在BR5时略下降，但不显著，推测BR木奶果果实发育在93DAF到112DAF期间蔗糖转化为葡萄糖的速度较LR快；只有BR4 vs BR3（*P* 0.008，FC 2.697，VIP 1.148）呈显著上升，进一步表明木奶果从73DAF开始进入成熟阶段。重要的是，112DAF完全成熟期只有一种主要可溶性糖［*D*-(+)-葡萄糖］在LR中的浓度呈显著降低，这也许决定了BR木奶果果肉口感更好的原因。

5.3.4.2　有机酸

木奶果果肉中有机酸以柠檬酸为主，未鉴定到苹果酸和草酸等。柠檬酸呈先上升后下降的趋势（图5-10），这与木奶果果肉发育期口味相一致，前期由涩变酸，后期由酸变甜；发育过程中LR4 vs LR3（*P* 0.00002，FC −2.707，VIP 1.309）和BR4 vs BR3（*P* 0.007，FC −2.974，VIP 1.708）均呈显著下降，表明木奶果果实在73DAF开始进入成熟阶段，与可溶性糖的变化和发育成熟关系相符。整个发育期中BR和LR的柠檬酸没有显著差异，说明柠檬酸在BR和LR完全成熟期不能影响木奶果果肉的口味。郑丽静等（2015）发现有机酸的含量不一定决定水果的甜味，但其糖酸比对水果风味的影响较大，本节研究中112DAF时期BR的总糖分高于LR，BR的糖酸比高于LR，这可能部分解释了BR的果肉更甜。

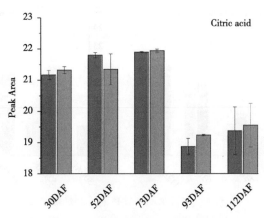

图5-10　木奶果不同发育期柠檬酸含量

Fig. 5-10　Citric acid content of different development stage in *Baccaurea ramiflora* Lour. fruit

横坐标表示木奶果盛花期后天数（数字为天数），纵坐标表示各代谢物经Log₂处理后的峰面积。红色代表BR，绿色代表LR。

The abscissa represents the number of days after the full flowering of *Baccaurea ramiflora* Lour., and the ordinate represents the peak area of metabolites after Log2 treatment.Red represents BR and green represents LR.

5.3.4.3 氨基酸

氨基酸的组成和丰度是营养质量的重要指标，也是决定口感的重要因素（Choi等，2012；Choi等，2011），该研究中氨基酸以*L*-苯丙氨酸（*L*-phenylalanine）为主，*L*-酪氨酸（*L*-tyrosine）、*DL*-精氨酸（*DL*-arginine）次之，含量变化见图5-11；其衍生物主要是2-对羟苯丙氨酸和丙氨酰基。BR和LR成熟期中氨基酸均没有显著差异，且3种氨基酸在整个成熟发育期均没显著差异，表明这些氨基酸基本不影响LR与BR果肉口感差异。BR中*L*-苯丙氨酸前4个发育期略下降，只在最后急剧上升，但不显著；LR与BR类似，表明它对果肉口感影响较小。*DL*-精氨酸在2个品系前3个发育期不存在显著性，后急剧上升，表明*DL*-精氨酸对木奶果果肉品质具有一定作用。*L*-络氨酸在2个品系中都不存在显著差异，但在112DAF时期呈上升，及LR与BR相比每个时期含量都少，证实其对木奶果果实成熟发育中的果肉品质有一定作用。2-对羟苯丙氨酸的含量前4个时期呈下降趋势，最后升高，表明它可能是成熟期的一个可靠指标；丙氨酰基在成熟发育中呈上升趋势，仅在LR5 vs LR4（*P* 0.011，FC 0.792，VIP 1.034）中呈显著上调，一定程度上反映了果实成熟与丙氨酰基累积增加相关。整体表明木奶果在完全成熟期氨基酸含量积累增加，对果实口感具有重要作用。

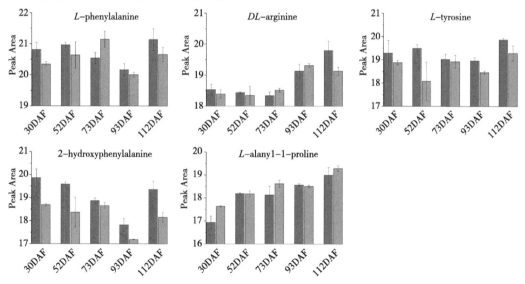

图5-11 木奶果不同发育期氨基酸及其衍生物含量

Fig. 5-11 Amino acids and their derivatives content of different development stage in *Baccaurea ramiflora* Lour. fruit

横坐标表示木奶果盛花期后天数（数字为天数），纵坐标表示各代谢物经Log₂处理后的峰面积。红色代表BR，绿色代表LR。

The abscissa represents the number of days after the full flowering of *Baccaurea ramiflora* Lour., and the ordinate represents the peak area of metabolites after Log2 treatment.Red represents BR and green represents LR.

5.3.4.4　脂类

脂肪酸是构成果实品质的重要成分（He等，2016），木奶果果肉脂肪酸有38种，以油酰胺（Oleamide）、A-酮酸（A-eleostearic acid）、羊角脂肪酸F（Corchorifatty acid F）为主，3种脂肪酸的含量变化见图5-12。油酰胺在5个发育期中BR都比LR略高，但均不显著；A-酮酸在5个发育期都不呈显著差异，说明它们对木奶果口感差异和成熟发育影响小。BR中羊角脂肪酸F从幼果到成熟期都低于LR，羊角脂肪酸F在BR成熟发育期中整体呈下降趋势，LR前3个阶段先下降后上升趋势，其中LR2 vs LR1（P 0.007，FC −2.510，VIP 1.147）和LR3 vs LR2（P 0.012，FC −2.430，VIP 1.386）呈显著下降，BR2 vs BR1（P 0.0007，FC −2.887，VIP 1.347）和BR3 vs BR2（P 0.0009，FC −1.702，VIP 1.175）呈显著下降，LR5 vs BR5（P 0.0447，FC 1.557，VIP 1.149）呈显著增加，成熟期呈显著差异，表明羊角脂肪酸F的下降可能与BR比LR口感更好相关。完全成熟期LR vs BR中另3种脂肪酸也均呈显著上调，分别是二十碳五烯酸、乙酸金合欢酯和茉莉酸，其中二十碳五烯酸和乙酸金合欢酯分别是BR的2.88倍和2.77倍（表5-2），说明这4种脂肪酸在决定木奶果果肉口感具有重要作用；茉莉酸在植物中能诱导多种次生代谢物质含量升高，且提高抗性、改变植株体内营养物质含量，降低植株的适口性（Weber，2002），这可能进一步解释了LR不够BR可口与脂肪酸的增加有关。

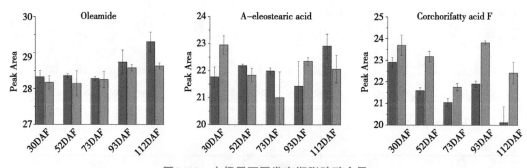

图5-12　木奶果不同发育期脂肪酸含量

Fig. 5-12　Fatty acids content of different development stage in *Baccaurea ramiflora* Lour. fruit

横坐标表示木奶果盛花期后天数（数字为天数），纵坐标表示各代谢物经Log_2处理后的峰面积。红色代表BR，绿色代表LR。

The abscissa represents the number of days after the full flowering of *Baccaurea ramiflora* Lour., and the ordinate represents the peak area of metabolites after Log2 treatment. Red represents BR and green represents LR.

5.3.4.5　类黄酮

果肉的颜色通常由类胡萝卜素和花色苷决定，类黄酮中黄酮和黄酮醇类物质也是各种植物的色素（Ferrer等，2008）；类黄酮和苯丙烷类是花色苷合成的前体，与花色苷的合成相关。类黄酮对植物有多种保护压力的作用，对人体也有促进健康的作用（Jaakola，2013；Zhang等，2014）。类黄酮生物合成途径的分支，参与花青素、原花青素和黄酮醇的生产和调节（Wang等，2019）。木奶果果肉代谢组分析发现类黄酮有42种，未鉴定出胡萝卜素。类黄酮主要以漆树黄烷酮（Rhusflavanone）、原花青素B_1（Procyanidin B1）、(+)儿茶素（Catechin）为主。漆树黄烷酮含量最高，随着发育不断成熟含量逐渐积累，在73DAF时急剧增加，至成熟期含量越来越多；漆树黄烷酮在发育中多阶段呈显著变化，LR3 vs LR2（P 0.033，FC 2.522，VIP 1.460）、BR3 vs BR2（P 0.000 2，FC 1.926，VIP 1.234）和BR4 vs BR3（P 0.000 4，FC 2.778，VIP 1.230）均呈显著上升，完全成熟期LR5 vs BR5（P 0.013 0，FC −1.658，VIP 1.171）呈显著下降。原花青素B_1在整个果实发育过程中呈下降趋势，推测果肉苦涩味逐渐变淡与其下降相关。(+)儿茶素是合成原花青素B_1的上游物质，在发育过程中表现为下降趋势，与原花青素B_1的合成减少相符；仅LR4 vs LR3（P 0.017，FC −2.140，VIP 1.002）呈显著下降。原花青素B_1和(+)儿茶素逐渐下降，可能与合成花青素有关或者上游的底物合成减少。其中完全成熟期LR与BR类黄酮的差异积累有4种，分别是根皮苷（phloridzin）、黄杞苷（engeletin）、橙皮苷（hesperidin）和漆树黄烷酮，均下调（表5-2），进一步推测它们是BR口味更佳的原因。

本节研究中鉴定到木奶果果肉富含类黄酮和花色苷合成途径的代谢物9种，分别是柚皮苷查尔酮（naringenin chalcone）、柚皮素（naringenin）、圣草酚（eriodictyol）、二氢槲皮素（taxifolin/dihydroquercetin）、山奈酚（kaempferol）、槲皮素（quercetin）、(+)儿茶素、(-)-表儿茶素（epicatechin）、原花青素B_1。9种代谢物的发育阶段含量变化见图5-13，整体在发育过程中表现为下降趋势；另

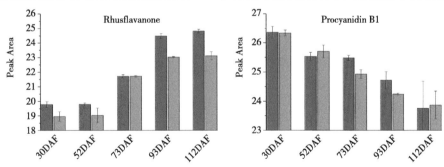

图5-13　木奶果不同发育期类黄酮含量

Fig. 5-13　**Flavonoids content of different development stage in *Baccaurea ramiflora* Lour. fruit**
横坐标表示木奶果盛花期后天数（数字为天数），纵坐标表示各代谢物经Log_2处理后的峰面积。红色代表BR，绿色代表LR。

The abscissa represents the number of days after the full flowering of *Baccaurea ramiflora* Lour., and the ordinate represents the peak area of metabolites after Log2 treatment.Red represents BR and green represents LR.

野生热带水果植物
木奶果（*Baccaurea ramiflora* Lour.）

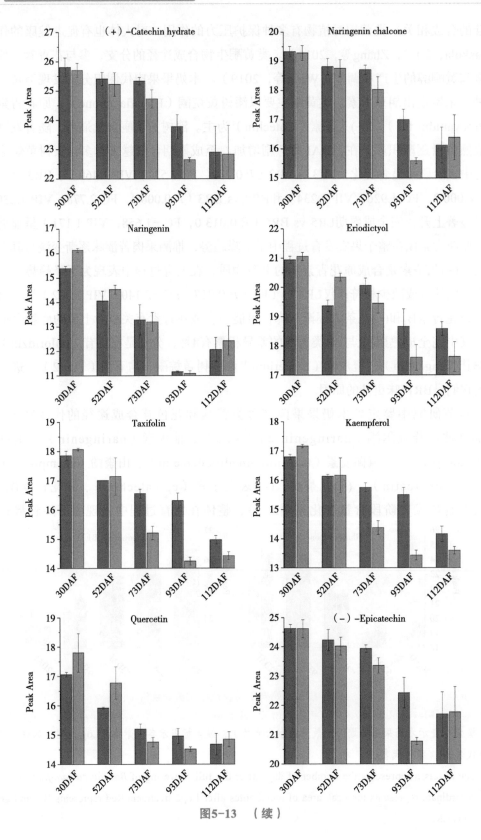

图5-13　（续）

LR vs BR在52DAF到73DAF期间花色苷合成途径的下降比例均更高，可能与木奶果果肉花色苷在BR中更丰富相关。各物质的含量积累主要发生在前2个时期，表明木奶果果肉的花色苷主要是在前期合成的。柚皮苷查尔酮仅在LR4 vs LR3（*P* 0.028，FC −2.437，VIP 1.045）呈显著下降。二氢槲皮素在BR5 vs BR4（*P* 0.020，FC −1.338，VIP 1.209）、LR3 vs BR3（*P* 0.011，FC −1.346，VIP 1.282）和LR4 vs BR4（*P* 0.006，FC −2.070，VIP 1.661）均呈显著下降，二氢槲皮素是合成矢车菊素的必须前体，推测它在BR中含量的上升是导致果肉粉红色的重要原因。山奈酚在BR5 vs BR4（*P* 0.021，FC −1.339，VIP 1.256）、LR3 vs BR3（*P* 0.011，FC −1.378，VIP 1.335）和LR4 vs BR4（*P* 0.004，FC −2.070，VIP 1.661）均显著下降。

　　未检测到矢车菊色苷，可能与其在果肉含量低有关；二氢槲皮素是矢车菊素合成的上游必须物质，丰富的原花青素B_1、(+)-儿茶素和(-)-表儿茶素是矢车菊素合成途径的分支，且并未发现其他花色苷合成途径的分支和相关代谢物；推测木奶果内果皮粉红色是由矢车菊素决定的。

5.3.5　木奶果果实保存期分析

　　果实的保存期由外环境及体内代谢物相互调节。多年的观察对比，发现LR相比BR有更长的保鲜期。完全成熟期中脂肪酸类的差异积累有4种，乙酸金合欢酯、二十碳五烯酸、茉莉酸和羊角脂肪酸F在LR中均上调，其中二十碳五烯酸上调2.88倍，可推测二十碳五烯酸对延长果实保存期起到一定作用，进一步推测不饱和脂肪酸可以延长果实的货架期。酚类物质能够清除活性氧，还能抑制活性氧代谢相关酶的活性，降低自由基的产量，并且螯合过渡金属，使其无法参与进行芬顿反应（Korekar等，2011）；LR中酚类没食子酸月桂酯上调倍数高达4.513倍，可能对后期保鲜有一定作用。另LR相比BR，脱落酸下调2.64倍，与脱落酸促进果实发育成熟相符，对果实保存期具有负调控。

5.3.6　果肉完全成熟期代谢物的KEGG富集

　　除了常规检测碳水化合物、有机酸和氨基酸外，KEGG富集分析还发现LR5 vs BR5之间的3种植物代谢途径（泛素酮等萜类醌类生物合成，不饱和脂肪酸生物合成，苯丙氨酸、酪氨酸和色氨酸生物合成）存在显著差异（图5-14）。这表明，其中一些泛醌、萜醌类、不饱和脂肪酸、苯丙氨酸、酪氨酸和色氨酸类化合物也可能对味觉有影响。维生素和酚酸类也在本节研究的大规模代谢物分析中得到鉴定，但是在KEGG富集分析中没有发现它们，因此，被认为不太可能导致LR和BR之间的口味差异。

5.4 木奶果果肉主要性状分析

5.4.1 果肉口味关键代谢物

非靶分析共鉴定出541个代谢物，初级代谢物12种碳水化合物、3种有机酸、7种氨基酸及其8种衍生物、2种维生素、41种脂肪酸及次级代谢物42种类黄酮、8种酚、6种酚酸、26种苯丙烷、4种类固醇及其5种衍生物、75种萜类（附表3-1）。与Pandey等（2018）用的传统方法研究相比，非靶代谢组更加系统地分析了木奶果果肉

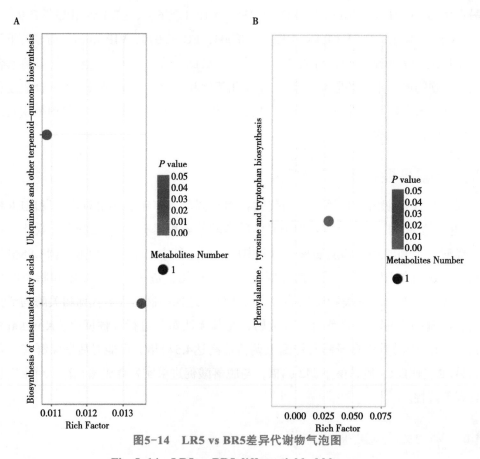

图5-14　LR5 vs BR5差异代谢物气泡图

Fig. 5-14　LR5 vs BR5 differential bubble map

X轴富集因子（RichFactor）为注释到该途径的差异代谢物数目除以注释到该Pathway的所有鉴定到代谢物，该值越大，说明注释到该Pathway差异代谢物比例越大。圆点大小代表注释到该Pathway的差异代谢物的数目。

The X-axis enrichment factor（RichFactor）is the number of different metabolites annotated in this Pathway divided by all identified metabolites annotated in this Pathway.The higher the value，the higher the ratio of different metabolites annotated in this Pathway.Dot size represents the number of differentially expressed metabolites annotated to this Pathway.

物质。112DAF时两个地方品系木奶果果肉代谢物通过$P<0.05$、FC≥1.2或FC≤0.83、VIP>1选择，筛选到45个差异代谢物（表5-2）。与BR相比，LR有19个代谢物上调，26个代谢物下调；45种代谢物可分为11个不同类，但大多数是碳水化合物、脂肪酸、氨基酸衍生物、酚类、苯丙素类和萜类等，表明木奶果的口感主要与这些物质相关。

L-山梨糖和D-(+)-葡萄糖含量在93DAF时急剧增加，柠檬酸含量在93DAF时呈显著降低，在93DAF时类黄酮漆树黄烷酮显著增加、(+)-儿茶素和柚皮苷查尔酮呈显著下降，表明木奶果在73DAF到93DAF开始进入成熟阶段，代谢物含量变化较大。主要的氨基酸及其衍生物在发育过程中不呈显著性，但在最后时期都表现为上升趋势，推测与木奶果进入完全成熟期相关。

水果的味道主要是由可溶性糖、有机酸、氨基酸和脂肪酸等决定，可以分为甜、酸和涩味等（Chen等，2009；Minas等，2013）。完全成熟期木奶果果肉中糖分主要以L-山梨糖、D-(+)-葡萄糖、Bis（methylbenzylidene）sorbitol和蔗糖等占大多数，完全成熟期只有D-(+)-葡萄糖在LR vs BR中的浓度显著降低；有机酸以柠檬酸为主，但都没有显著差异；郑丽静等（2015）提出糖酸比对水果口感的影响较大，BR的糖酸比高于LR，能较好地解释BR的口感更甜。脂肪酸是果实品质的重要成分，可以影响水果的口感和腻味等（Weber，2002），LR5 vs BR5中4种脂肪酸均显著上调，其中二十碳五烯酸和乙酸金合欢酯分别是BR的2.88倍和2.77倍；茉莉酸在植物中能诱导多种次生代谢物质含量升高，且提高抗性、改变植株体内营养物质含量，降低植株的适口性（Weber，2002），推测这些脂肪酸降低了LR的口感。酚类物质与果实涩味密切相关（乜兰春等，2003），LR中酚类没食子酸月桂酯上调，高达4.513倍，影响LR的口感，进一步解释了LR没有BR美味可口。

5.4.2　果肉颜色主要成分

果肉的颜色通常由类胡萝卜素和花色苷决定，类黄酮是合成植物色素的上游物质（Li等，2020）。类黄酮和花色苷合成途径中的代谢物［柚皮苷查尔酮、柚皮素、圣草酚、二氢槲皮素、山奈酚、槲皮素、原花青素B$_1$、(+)儿茶素和(-)-表儿茶素］均表现为前2个发育期含量较高，到第3个发育期73DAF时开始下降较快，表明类黄酮和花色苷的合成主要是在幼果期。非靶代谢组分析没有发现具体的花色苷成分，可能是因为果肉中花色苷含量较少导致未发现，这解释了木奶果果肉的粉红色是表现在内果皮上而不是中果皮。二氢槲皮素是矢车菊素合成的上游物质，丰富的原花青素B$_1$、(+)-儿茶素和(-)-表儿茶素是矢车菊素合成途径的分支，且并未发现其他花色苷合成途径的分支和相关代谢物；明确了木奶果内果皮粉红色是由矢车菊色苷决定的。

5.4.3　木奶果果实保存期

果实的保存期由外环境及体内代谢物相互调节。脂肪酸对食物的保存具有一定的影响的。LR相比BR，脂肪酸类的差异积累有4种，乙酸金合欢酯、二十碳五烯酸、茉莉酸和羊角脂肪酸F均上调，其中二十碳五烯酸上调2.88倍，可推测二十碳五烯酸对延长果实保存期起到重要作用。酚类物质能够清除活性氧，还能抑制活性氧代谢相关酶的活性，降低自由基的产量（乜兰春等，2003）；LR中酚类没食子酸月桂酯上调高达4.513倍，表明对后期保鲜有一定作用。LR相比BR，脱落酸下调2.64倍，说明脱落酸促进果实发育成熟，对果实保存期具有负调控。

本章研究利用LC-MS/MS进行非靶代谢组分析，系统地比较了2种当地潜在木奶果的口味差异。本章研究为木奶果果实中代谢物的组成和丰度提供了全面的信息。结果表明，这些碳水化合物、有机酸、脂肪酸和酚类化合物组成和浓度的差异可能是导致LR（内果皮乳白色果肉）相比BR（内果皮粉红色果肉）口感差异的主要原因。类黄酮的丰度和种类的差异可能是造成颜色差异的根本原因。此外，与BR相比，LR具有更高的脂肪酸浓度和更低的脱落酸浓度，货架期更长。代谢组分析揭示了果肉味道的主要成分，探明了2种木奶果之间的味道差异，以及BR果肉味道优于LR的原因。

第6章

木奶果的果品调控转录组学研究

转录组是特定组织或细胞在某一发育阶段或功能状态下转录出来的所有RNA的总和，主要包括mRNA和ncRNA等（Wang等，2009）。转录组研究能够从整体水平研究基因功能以及基因结构，揭示特定的生物学过程（Figeneia等，2014）。随着新一代测序技术的快速推进，RNA-seq在植物调控发育研究中应用越来越广泛，通过转录表达水平下全基因组范围各时空的基因表达情况，对不同样本的差异表达基因（different express gene，DEG）进行筛选并分析，来获得与研究目的相关的关键基因。采用Illumina Novaseq平台进行PE150测序；分析各样品转录本的结构，找到不同发育期的DEGs，通过GO和KEGG功能富集分析，找到木奶果果肉发育过程中与果品性状形成相关的转录调控信息。

6.1 果品主要性状的研究背景

6.1.1 转录组学在果实性状研究中的意义

果实成熟的研究是植物资源开发利用的重要基础。然而，果实成熟是一个复杂的过程，同时也是一个高度协调的过程，不仅是各代谢过程中结构基因发挥作用，而且在转录水平上的调控，转录因子也发挥着重要作用（Kuang等，2020）。因此，识别果实成熟过程各阶段的结构基因和调控关键转录因子及其相关调控网络将有助于更好地理解果实的成熟过程。新一代测序技术的快速发展深化了果实成熟发育的研究，其中，RNA-Seq转录组分析是一种高通量、全基因组尺度上生成转录图的方法。该方法在多个时间点上，转录变化的进程可以在转录组数据集的变化中捕捉，并揭示不同的调控层和富集通路（Harkey等，2018）。众多研究者使用该方法揭示了不同果树果实成熟发育过程的各种机制和关键基因。西瓜*Citrullus lanatus*可溶性糖和有机酸积累相关的关键基因（Gao等，2018）和参与乙烯介导香蕉*Musa nana*果实成熟的关键*TFs*基因和

*cis-elements*基因（Harkey等，2018）是转录组分析的成功应用。同时，Ma等（2020）对蛇瓜*Trichosanthes anguina*果实3个不同成熟期进行了转录组测序和分析，在果实不同发育阶段，共鉴定出480个差异表达基因，而在果实成熟阶段，则鉴定出4 801个DEGs，并进一步系统解析了与果实品质如色泽、质地、抗病性、植物激素等相关候选基因在不同成熟期的表达谱；Liu等（2019）通过转录组分析为枇杷*Eriobotrya japonica*果实采后冷藏中的代谢过程调控提供了新见解；Yao等（2018）通过转录组分析方法研究了柑橘*Citrus reticulata*果实采后粒化过程中糖和有机酸代谢的变化；Bai等（2019）通过比较转录组学分析揭示了长链非编码RNA在草莓*Fragaria ananassa*果实发育和颜色变化过程中的调控功能。可见，转录组分析是一种科学便捷的方法，可用来识别基因表达及调控网络，并发现涉及植物生长发育的结构基因和转录因子。

6.1.2　转录组学和代谢组学在果实性状研究中的意义

　　果实成熟发育的深入研究需要代谢组学和转录组学的联合分析。转录组能发现大量差异表达基因和众多调控网络，但是难以明确基因与表型的关系，难以确定几十个途径中的关键途径和重要的结构及调控基因。代谢组是基因组与表型组的中间桥梁，代谢物的种类和数量在不同时期、不同品种与组织中存在差异，利用这些差异进行遗传基础的解析有助于深入了解代谢生物学过程，代谢组作为表型指导基因组及转录组的分析，分析结果更直观、明晰。代谢组学和转录组学的联合分析可解决代谢组和转录组的不足，得到了广泛的运用，并单独对比代谢组和转录组，有独特的优势。例如Li等（2020）通过选取"小汤姆"（"MicroTom"）番茄*Lycopersicon esculentum* 20个发育关键时期，结合广泛靶向代谢组学和转录组学联合分析，构建了"MicroTom"代谢网络数据集（MMN），基于MMN，绘制出高分辨的番茄发育过程代谢调控网络，还鉴定了甾体类糖苷生物碱与类黄酮生物合成过程重要的新的转录因子；Zhang等（2019）运用广泛靶向代谢组学和转录组学技术系统阐明了枣*Ziziphus jujuba*成熟过程，MYB和HD-Zip类的转录因子通过调控枣果实中类黄酮合成途径的结构基因，引起类黄酮/花色苷代谢产物的积累，使其成熟果皮呈现红色；Liu等（2020）通过广靶代谢组学联合转录组研究了4种不同果实颜色辣椒*Capsicum annuum*品种，利用WGCNA分析确定类黄酮合成和调控类黄酮合成和转运的候选基因，发现4个辣椒品种在开发期50天的叶黄素含量存在显著差异；Li等（2020）发现bHLH3是控制桑果着色的关键调控因子，且MYB4被MBW复合物激活，参与网络的负反馈调控，以平衡花色苷和原花青素的积累，bHLH3的异常表达会破坏网络的平衡并重定向类黄酮代谢通量，从而导致不同颜色的桑果（红色、黄色和白色）中花色苷、黄酮和黄酮醇的含量和比例的变化。除此以外，转录组联合广泛靶向代谢组方法用于探索突变体中的主要花色苷，揭示了无花果*Ficus* *carica*果实紫色变异机理（Wang等，2017）。可揭示"SW93"（紫色籽粒）玉米*Zea mays*发育过程中类黄酮代谢通路变化（Hu等，2016）；可用于揭示贮藏期间的非融性果肉品种"白里"和融性果肉品种"红里"的果肉结构在桃果体内的分子机制（Wang等，2018）；可用于探究"Da Qing No.10"红肉番木瓜*Carica papaya*绿熟期（GS）、成熟期（CB）、熟化期（HY）和腐熟期（FY）4个时期的番木瓜果皮和果肉中类胡萝卜素的积累机制（Shen等，2019）；可用于挖掘红色果肉和绿色果肉2种猕猴桃与类黄酮相关的合成机制（Li等，2018）。其中，值得关注的是，Xia等（2021）基于全基因组测序下，结合转录组和代谢组的数据挖掘，表明α-亚麻酸代谢、代谢途径和次生代谢途径是参与百香果*Passiflora edulis*重要挥发性有机物（VOCs）合成的主要途径，对百香果潜在的风味机制进行了详细的分析，并进一步筛选了一些候选基因，包括*GDP-fucose Transporter 1-like*、*Tetratricopeptide repeat protein 33*、*protein NETWORKED 4B isoform X1*和*Golgin Subfamily A member 6-likeprotein 22*。此外，Xia等（2021）还运用此方法鉴定了百香果13个脂肪酸途径中重要的基因家族和8个萜类途径中重要的基因家族，其中*ACX*、*ADH*、*ALDH*和*HPL*基因家族，特别是*ACX13/14/15/20*、*ADH13/26/33*、*ALDH1/4/21*和*HPL4/6*是酯类合成的关键基因，而*TPS*基因家族，特别是*PeTPS2/3/4/24*是萜类合成的关键基因家族。Fu等（2021）结合转录组和代谢组对佛手瓜*Sechium edule*果实3个发育期进行分析，找到了与佛手瓜果实成熟发育过程中的质地、风味、类黄酮和植物激素等合成相关的差异代谢物和差异表达基因，并构建了佛手瓜果实成熟发育的调控模型，为葫芦科植物的果实成熟发育调控机制研究提供了一定的理论依据。

代谢组学和转录组学的联合分析还应用在葡萄、龙眼和黄瓜等（Ma等，2021；Yi等，2021；Chen等，2021）果实成熟发育过程的研究。可见，代谢组学和转录组学是研究果实成熟发育的重要工具和方法。近年来的研究，都表明转录组结合代谢组分析能够较好地研究各种果实性状。木奶果果实发育过程的研究，同样也可使用该方法，可能能够解决木奶果果实发育过程中存在的一些科学问题。

6.1.3 类黄酮和花色苷合成途径

果实颜色影响着消费者的偏好（Pojer等，2013），主要因类黄酮、花色苷和类胡萝卜素种类的累积含量不同而呈现不一样的表型，包括红色、粉红色、红紫色、紫色或蓝色等。类黄酮广泛存在于植物，是苯丙氨酸途径中合成的次级代谢物。类黄酮功能多样化，具备防御病原体、防止紫外线损伤、抗氧化、调节生长素转运和化感作用、提高植物在逆境中的抗性（生物或非生物胁迫）等（Lloyd等，2017；Liu等，2018），能够增强自我免疫和保护作用。花色苷为类黄酮的组成成分之一，研究人员对花色苷已开展了深入研究，它是一种水溶性色素，常见的6种为天竺葵色苷（pelargonin）、矢车菊

色苷（cyanin）、牵牛花色苷（petunin）、锦葵色苷（malvin）、芍药色苷（peonin）和飞燕草色苷（delphinin）（Kong等，2003）：天竺葵色苷呈橙红色；矢车菊色苷呈粉红色或红色，较为常见；芍药色苷呈紫红色；牵牛花色苷、锦葵色苷和飞燕草色苷通常呈蓝紫色，果实中不多。花色苷具有类黄酮的大部分功能，具有预防心脑血管疾病（Winter等，2017）和糖尿病（Liu等，2014）及抗癌（Cassidy等，2013；Tsuda，2012；Wang等，2008）等功效。水果中类黄酮呈现的颜色及其价值逐渐被发现，从而受到消费者的特别青睐，可作为果实品质研究的重要指标。

近年来，研究人员越来越关注植物各组织含有色素方面的形成机制，国内外对花色苷合成途径已研究较多，发现花色苷合成途径是类黄酮代谢途径的下游，在不同植物中其生物合成途径表现出高度保守（Jeong等，2008；Telias等，2011）。花色苷和类黄酮都由苯丙氨酸途径合成，主要经历3个阶段，苯丙氨酸裂解早期、类黄酮代谢中期和花色苷合成后期（Jaakola，2013；Zhang等，2014）。早期阶段，苯丙氨酸在PAL（苯丙氨酸解氨酶）作用下合成肉桂酸；经过C4H（肉桂酸-4-羟基化酶）羟化成香豆酸；再被4CL（4-香豆酸辅酶A连接酶）催化生成对-香豆酰辅酶A。中期阶段，CHS（查尔酮合成酶）将对-香豆酰辅酶A合成查尔酮；CHI（查尔酮异构酶）继续异构成柚皮素/4，5，7-三羟黄烷酮（naringenin）；F3H（黄烷酮3-羟化酶）催化柚皮素合成二氢黄酮醇；在F3′5′H（黄酮-3′，5′-羟基化酶）作用下将二氢黄酮醇进行转变，合成二氢山奈酚、二氢槲皮素和二氢杨梅素等。后期阶段，FLS（黄酮醇合成酶）的催化下合成黄酮醇，如山奈酚（kaempferol）和槲皮素（quercetin）等；在DFR（二羟基黄酮醇还原酶）作用下合成无色花青素；再经过ANS（花青素合成酶）合成花青素；最后在UFGT（鸟苷二磷酸葡萄糖基转移酶）的催化下合成花色苷（Anthocyanins），糖基化成稳定状态，转运到液泡中贮存。另外花色苷合成途径的分支中，无色花青素会在LAR（无色花青素还原酶）的作用下合成儿茶素/黄烷-3-醇，花青素在ANR（花青素还原酶）作用下合成表儿茶素/表黄烷-3-醇，原花青素则在儿茶素或表儿茶素的聚合下合成。

类黄酮和花色苷的合成途径中不仅受到结构基因差异表达的影响，同时受转录因子的调控作用。其转录因子主要是激活转录的MBW复合物调控，该复合物包括R2R3-MYB和bHLH转录因子，以及WD40重复蛋白；MYB和bHLH蛋白被认为是直接与结构基因的近端启动子区域结合，而WD40是稳定复合物的桥梁（Ramsay等，2005；Baudry等，2004）。MYB家族是植物中最大的基因家族之一，R2R3-MYB转录因子通过影响花色苷生物合成中结构基因的转录水平，在花色苷生物合成过程中起中心作用（Liu等，2015；Chiu等，2012）。MYB转录因子大部分是正调控因子，例如AtMYB75、PpMYB9和NnMYB5（Sun等，2016）；近年来发现一些MYB转录因子可抑制花青素的合成过程，例如：EsMYBF1、PtMYB182和VvMYB4（Pérez-Díaz等，2016；Yoshida

等，2015；Huang等，2016）。bHLHs属于多基因家族，可分为26个亚群，类黄酮相关的bHLHs划分为IIIf亚群（Pires等，2010）。拟南芥中类黄酮合成相关的bHLHs研究表明，包括TT8、GL3和EGL3在内的一些bHLHs参与了不同黄酮类化合物的生物合成（Zhang等，2003；Payne等，2000）。此外，与花青素生物合成相关的bHLHs已在多种植物中发现，如CmbHLH2（Xiang等，2015）、LcbHLH3（Lai等，2016）、MtbHLH/MtTT8（Li等，2016）、LebHLH/AH（Qiu等，2016）和VvMYC1（Hichri等，2010）。其他一些转录因子，包括细长的下胚轴5（*HY5*）、光调节锌指蛋白（LZF）、CONSTANS-like（COL）和squamosa启动子类结合蛋白9（SPL9），也被证明与花青素生物合成有关（Bai等，2014；Gou等，2011；Chang等，2008；Shin等，2013）。

目前已对葡萄（Kobayashi等，2004）、苹果（Li等，2012）、荔枝（Lai等，2014）、龙眼（Pojer等，2013）等经济水果花色苷合成途径进行了研究，但木奶果果肉着色机理的研究尚未见报道。

6.1.4 可溶性糖和有机酸代谢途径

可溶性糖和有机酸是水果风味的重要组成部分，对水果的整体感官品质有重要影响（Borsani等，2009）。可溶性糖包括果糖、葡萄糖和蔗糖等，有机酸主要包括苹果酸、柠檬酸和草酸等，可溶性糖和有机酸的种类和含量决定了果实的感官特性（Pangborn，1963）。有机酸通常在果实发育早期积累，并在果实成熟过程中作为呼吸底物（Diakou等，2000）。不同种类的果实其主要有机酸含量不同。例如，柑橘类水果、草莓*Fragaria ananassa*、杧果*Mangifera indica*和小红莓*Vaccinium macrocarpon* cv.pilgrim含有高浓度的柠檬酸（Sadka等，2000；Gil等，2000；Celik等，2008），而苹果、枇杷、桃子和葡萄的苹果酸含量很高（Chen等，2009；Or等，2000）。

蔗糖水解主要经过2种酶催化：蔗糖转化酶（INV）不可逆地将蔗糖降解为葡萄糖和果糖，蔗糖合酶催化尿苷二磷酸（UDP）-葡萄糖和果糖合成蔗糖（Miron等，1991；Granot等，2013）。己糖激酶（HK）和果糖激酶（FK），参与果糖和葡萄糖磷酸化合成果糖-6-磷酸（F6P）和葡萄糖-6-磷酸（G6P）；磷酸葡萄糖异构酶是催化可逆反应中F6P和G6P相互转化的酶（Umer等，2020）。已有研究表明，转化酶中尤其是酸性转化酶，在植物的发育和生长中起着主要的作用（Ruan等，2010；Lu等，2017）。另有报道蔗糖合酶（SUS）参与了己糖的积累，果实发育过程中与己糖同时增加（Deluc等，2007）。

可溶性糖和有机酸的代谢通过糖酵解合成丙酮酸连接起来（张上隆等，2007）。水果的有机酸分布一般由酸的合成、降解、利用和区隔的平衡来决定（Diakou等，2000）。例如，有机酸是普遍存在的三羧酸（TCA）循环的中间体，它在有氧细胞呼

吸中起作用。参与该生化途径的酶有磷酸烯醇丙酮酸羧化酶（PEPC，EC 4.1.1.31）、柠檬酸合成酶（CS，EC 4.1.3.7）、乌头酶（ACO，EC 4.2.1.3）、苹果酸盐脱氢酶（MDH，EC 1.1.1.37）和苹果酸酶（ME，EC 1.1.1.40）等（张上隆等，2007；Luo等，2003）。苹果酸的合成主要发生在细胞质中，由PEPC和依赖NAD的苹果酸脱氢酶催化（Moing等，2000）。苹果酸浓度在果实成熟过程中迅速下降，一般归因于胞质依赖NADP的苹果酸酶（NADP-ME，EC 1.1.1.40）对苹果酸的降解（Hirai等，1997）。相反地，柠檬酸的生物合成和分解除了胞质ACO外，还通过线粒体CS、依赖NAD的异柠檬酸脱氢酶（NAD-IDH，EC 1.1.1.41）和乌头酸水合酶（ACO，EC 4.2.1.3）介导（Kubo等，2002）。在酒石酸合成中，L-抗坏血酸底物通过L-idonate脱氢酶（l-IdnDH，EC 1.1.1.264）和其他未知酶转化为L-酒石酸（Saito等，1969）。

利用多组学研究植物可溶性糖和有机酸代谢的报道越来越多，如苹果、葡萄、甜橙和西瓜等（Bai等，2019；Umer等，2020；Shangguan等，2015）已获得较多研究成果。木奶果可溶性糖和有机酸的研究仍较单一，未系统地分析它们的成分及累积过程，更未从分子层面解释口味的形成机制。

6.2 木奶果果肉的转录组学

6.2.1 RNA提取及检测

本节试验以广西防城港防城区那梭镇那梭中学旁两个地方品系木奶果BR和LR的果肉为材料，取样材料同第5章5.2.1材料，参考陈雅楠的方法提取木奶果果肉RNA（陈雅楠等，2020）。步骤如下：

1）65℃水浴中预热CTAB提取液，使用前加入2%的β-巯基乙醇；

2）液氮中加入2～3 g存放于−80℃冷冻的材料进行研磨；

3）研磨样品转移至有CTAB提取液的离心管中，在2 mL离心管里加入0.1 g材料，立即激烈涡旋30 s，快速放入65℃水浴中（4～5 min）；

4）加入等体积的氯仿/异戊醇，并涡旋混合，10 000 r/min常温离心20 min；

5）将上清液转移至新的离心管，重复抽提一次；

6）将上清液转移至新的离心管中，加入10 mol/L LiCl₂，即加入1/3体积的LiCl₂，4℃下沉淀（不超过16 h）；

7）4℃ 12 000 g离心20 min，弃上清液，用500 µL70%乙醇洗沉淀，然后用500 µL100%乙醇洗沉淀；

8）用500 µL SSTE溶解沉淀，转移至1.5 mL离心管中，加入等体积的氯仿/异戊醇抽提一次；

9）加入2×体积的无水乙醇，在-20℃沉淀2 h；

10）4℃下离心20 min沉淀RNA（全速）；

11）先用400 μL70%乙醇洗沉淀，然后用400 μL100%乙醇洗沉淀，吹干后用65 μL DEPC水溶解RNA；

12）使用Nanodrop 2000检测RNA浓度及纯度：仪器空白调零后取2.5 μL待测RNA溶液于检测基座上，放下样品臂，使用电脑上的软件开始吸光值检测；

13）浓度过高的RNA再进行适当比例的稀释，使其终浓度为100～500 ng/μL。

总RNA通过Nanodrop检测RNA的纯度（OD 260/280比值），琼脂糖凝胶电泳分析RNA降解程度以及是否有污染，Qubit对RNA浓度进行精确定量，Agilent 2100精确检测RNA的完整性。

6.2.2　文库构建及测序

RNA-seq建库测序包括：总RNA样品的提取、样品的检测、RNA文库构建、文库质检及上机测序。总RNA检测要求合格，即其浓度和总量达标、RNA完整、无降解、无DNA和蛋白污染、变性剂、螯合剂、无高浓度离子等其他杂质，即可进入建库流程。果肉mRNA通过带有Oligo(dT)的磁珠富集；再加入fragmentation buffer，将mRNA打断成200 nt短片段；以mRNA为模板，六碱基随机引物反转录获得第一条cDNA链，接着加入缓冲液、dNTPs、RNase H和DNA polymerase I复制合成第二条cDNA链；再对双链cDNA进行末端修复，并且在3′端加碱基A；用QiaQuick PCR试剂盒纯化，并加EB缓冲液洗脱之后，对DNA做末端修复并连接测序接头；然后用琼脂糖凝胶电泳对文库进行片段大小选择，最后进行PCR扩增富集cDNA。本试验共构建了30个木奶果果肉文库，BR和LR各15个，分别为30DAF、52DAF、73DAF、93DAF、112DAF各3个生物重复文库。文库构建完成后，先利用Qubit 2.0荧光剂对文库进行核酸初步定量，随后采用Agilent 2100分析仪对文库的insert size进行检测，insert size符合预期后，使用实时荧光定量PCR方法对文库的有效浓度进行准确定量，以保证木奶果果肉转录组测序的文库质量。文库质检合格后，用Illumina Novaseq平台进行PE150测序，文库构建和测序委托北京贝瑞和康生物技术有限公司完成。

6.2.3　木奶果果肉测序数据质控及评估

Illumina Novaseq高通量测序平台对cDNA文库进行测序，产出大量的高质量reads，称为原始数据（raw data）。原始数据通过FASTQC进行过滤。对于双端测序（PE），每个测序样品的原始数据包括两个FASTQ文件，分别包含所有cDNA片段两端测定的reads。原始数据经过严格的质量评估，获得高质量的clean reads用于后续数据分析。以

本章研究中获得的木奶果三代测序全基因组作为参考基因，进行后期的生物信息学分析，主要是果肉各发育期组织的基因表达、差异表达基因、转录因子及差异表达基因的GO富集和KEGG途径富集分析。

测序下机所得到的原始数据因含有一些带接头的、重复的、低质量的reads，会对后续分析和比对产生影响。先对下机的原始数据进行过滤，筛选条件如下：去除单端测序reads中N个数>3时的paired reads；去除单端测序reads中质量值低于5且其碱基比例≥20%的paired reads；去除接头序列时，接头序列至少要匹配8 bp。从而才能获得干净有效的高质量clean reads进行后期数据统计。质量评估以质量值Q20和Q30的大小来衡量其准确度，通常Q20和Q30的值越大（基本要求≥85%），表明测序后的clean reads的质量高。

6.2.4　转录组数据的比对

采用Hisat2软件（Kim等，2015）把转录测序的clean reads与木奶果基因组（参考基因组）进行比对和相似性分析，通过将每个read与参考基因组序列比对，最终得到read在比对的基因组位置及匹配质量等信息（Li等，2009），进而能对基因或转录本进行注释和定量。再把cDNA文库与参考基因组进行比对率统计，比对率是指匹配到参考基因组上的reads（mapped reads）占clean reads的百分比，是转录组数据利用率的最直接体现，比对率越高说明数据的利用率越高，比对率统计分析是后续生物信息分析可行性的基础。

RNA-seq分析中基因的表达水平通过定位到基因组区域或基因外显子区的reads的计数来评估（Trapnell等，2010）。Reads计数除了与基因的真实表达水平成正比外，还与基因的长度和测序深度成正相关。利用Featurecount软件对RNA-seq进行基因水平的定量分析（Anders等，2015），RNA-seq的基因表达量用FPKM值表示。先对每个样本分别进行基因水平的定量，再合并得到所有样本的基因表达量矩阵。基因表达量矩阵中第一列为基因ID，其余列为各样本的原始read count值。统计分析包含基因表达分布、相关性分析和主成分分析（PCA）。

6.2.5　差异表达基因分析

利用EdgeR软件（Smyth等，2010）分析基因在各样本中的差异表达情况，计算出差异表达的P和p-adj，p-adj是校正后的P，其值越小，表示基因表达差异越显著。筛选条件为：p-adj<0.05&|log2FoldChange|>1；若差异基因数量偏少，则调参P<0.05&|log2FoldChange|>1来进行筛选。基因差异表达分析的输入数据为基因定量分析中得到的read count数据，主要分为三部分：首先对read count数据进行标准化；然后根

据模型进行假设检验概率（P）的计算；最后进行多重假设检验校正，得到p-adj（错误发现率）。

利用校正后的差异表达基因进行富集分析，使用topGO软件进行DEGs的GO富集分析（Alexa等，2010），使用Kobas软件进行DEGs的KEGG途径富集分析。GO和KEGG途径的$P<0.05$作为显著富集，用于分析差异基因与相关生物学功能的关系，富集途径能进一步较好地了解基因参与代谢的信号通路及具体的生物学功能。

6.2.6　转录因子分析

转录因子具有调控RNA聚合酶与DNA模板结合的作用。通过对转录因子进行分析，可以全面了解基因的转录过程。转录因子预测使用iTAK软件进行分析，根据转录因子家族的Pfam文件，利用Hmmscan对Pfam文件进行注释鉴定TFs（Paulino等，2010）。

6.2.7　qRT-PCR实验

关于木奶果果肉各样本RNA-seq准确性的验证，本节研究选择了19个DEGs（包含类黄酮合成途径结构基因、糖代谢途径结构基因和转录因子）进行荧光实时定量PCR分析。第一条cDNA由反转录酶Servicebio®RT First Strand cDNA Synthesis Kit（Servicebio G3330）合成。然后对反转录获得的cDNA进行PCR扩增，内参基因采用gapdh基因，利用Primer 6.0进行差异表达基因的引物设计，引物序列见表6-1。

反转录体系的配置：4 μL的5×Reaction Buffer、0.5 μL的Oligo（dT）18 Primer（100 μm）、0.5μL的Random Hexamer primer（100 μm）、1 μL Servicebio®RT Enzyme Mix、10 μL总RNA，最后加核糖核酸酶游离水至总体积20 μL；第一条cDNA的合成过程：轻轻地将反应液摇匀，然后离心，最后进行反转录，在PCR仪中25℃下反应5 min，再42℃下反应30 min，85℃下5 s。完成后放4℃冰箱保存，再用无菌双蒸水稀释，以备后用。PCR反应体系配置是7.5 μL的2×qPCR Mix、1.5 μL的2.5 μm基因引物、2.0 μL反转录产物和4.0 μL灭菌双蒸水。PCR扩增程序：先95℃下反应10 min进行预变性；再95℃下反应15 s到60℃下反应30 s进行40次循环。

表6-1　差异表达基因的qRT-PCR引物序列
Table 6-1　qRT-PCR primer sequences of differentially expressed genes

基因名 Gene name	基因ID Gene ID	正向引物 Forward primer	反向引物 Reverse primer
CHS	ctg655. g05350	TACCATCTCCGTGAAGTAGGGA	AATAGCCAGAAGAGCGAGTTGC

（续表）

基因名 Gene name	基因ID Gene ID	正向引物 Forward primer	反向引物 Reverse primer
CHI	ctg965. g08335	GCCCGAGGTTATCCGAATTG	TGGTGTGTAGTCATTGTCTGT
F3'5'H	ctg2839. g24678	TCTACTTCCCGTCTTGCTATGCT	CCGCTTTCCTACAACCATCCT
	ctg2135. g19559	CACTAAAATGGCAAGAGTCTACGG	TCAAGACCATAAGGGCACCAT
DFR	ctg1578. g14126	TTCATCAGAGTCCGAGCCACCGG	GCCTTCCAGCAGGTTTCATCGGC
UFGT	ctg1923. g16986	CCTAACGCATCCAACAAAGTCA	CGAGTTGGTGAATCGGTTTGA
UFGT89B2	ctg2170. g19838	CATTTGCTGCTGAGGTTCTTTAA	GGTCGAGTGGGAGCGTGTAT
UFGT88F3	ctg2661. g23571	CACCATTCCAACCACCAACTCT	AGAGATTGAAGAACATTGGGTGC
STP12	ctg655. g05676	GCCGACAACTTGGCACATC	GGTCCTCCATCAGCAAATCCT
SUC2	ctg2121. g19334	GTCGGTAATGTCCTCGGCTT	AATAGAAGGACGATGGAGATGAAA
ERDL4	ctg2183. g19877	GTATGGGCTCAAGGCAATCAA	ACGAACCAAATAAAGAATACTCCG
ERDL7	ctg3147. g26949	CAAGTGGGCAGATTGCTGATTA	CTCCCTCGGCAAAGTAAATGG
MYB114-like	ctg2697. g23883	TACCAGGTCGGACAGATAATGAGA	CCACTCCAAGTTCAAAGGGTCT
MYB61	ctg1317. g11240	CACCCTGTGCTCATTTTGCTG	GCCTTTCCTTAGTTTCTGCTTGT
MYB44	ctg1022. g08648	GCATCTGGGTTGGTTGGGT	CCGATTCACTGCCACATTCC
MYB4	ctg1831. g16666	TTCTGCCACTGCTACATCCTCA	CCACATTCTGCTTCATTGGTTATC
bHLH35	ctg144. g01204	CGAGAAGACGCTGTTGGTGA	CGAGAAGACGCTGTTGGTGA

（续表）

基因名 Gene name	基因ID Gene ID	正向引物 Forward primer	反向引物 Reverse primer
bHLH93	ctg1986. g17884	GTAAAATCACCCCCCCCTCCA	CTTTTTCTTTGGGGGGTCTTG
bHLH94	ctg1954. g17295	CGGAATGAATGATTGTGATGGG	TTCGGTGGCTCTGGTGGTT
内参基因	gapdh	GGTTTCTCAATCAATCAAGGGTG	CCAAGGGAGCAAGGCAGTTAG

6.3 木奶果果肉转录组分析

6.3.1 木奶果不同发育期果肉样品测序数据评估

木奶果果肉不同发育期的RNA在Illumina Novaseq平台进行PE150测序，过滤后的数据结果见表6-2。处理后的clean reads在22 698 981～27 405 036；处理后碱基数据在6.80 Gb～8.21 Gb，都能达到要求；GC含量在43.65%～46.99%；Q20在96.86%～97.65%，均大于94%；Q30在91.56%～92.98%，均大于88%；表明该试验RNA测序数据质量都较好，符合要求。木奶果30个RNA-seq的clean reads与木奶果基因组的比对发现各样本的总reads数在20 335 899～33 541 270，比对率达到88.97%～92.79%，进一步表明转录组测序数据质量都较好。

测序错误率显示为0，表明各碱基质量较好，符合每个碱基的测序错误率低于0.5%。ATGC含量分布检查用于检测有无AT、GC分离现象，在Illumina Novaseq平台的转录组测序中，反转录成cDNA时所用的6 bp的随机引物会引起前几个位置的核苷酸存在一定的偏好性。而这种偏好性与所测序的物种和实验室无关，但会影响转录组测序的均一化程度。本节研究中各文库的A和T碱基及G和C碱基含量在每个测序循环上几乎相同，且整个测序过程稳定相似，呈水平线。均一性分析测序序列在基因5′～3′区域的分布情况，发现各转录本的测序reads实际覆盖度的分布均一化程度较高。上述数据评估都表明转录组测序数据质量较好，符合后期分析要求。

表6-2 30个果肉样品转录组测序数据统计表
Table 6-2 RNA-seq data statistics about 30 pulp samples

样品 Sample name	处理后数据 Clean reads	处理后碱基 Clean bases	Clean GC （%）	Clean Q20 （%）	Clean Q30 （%）	比对率 Total mapped（%）
BR1-1	23 779 048	7 124 766 97	43.73	97.23	92.35	91.43

（续表）

样品 Sample name	处理后数据 Clean reads	处理后碱基 Clean bases	Clean GC （%）	Clean Q20 （%）	Clean Q30 （%）	比对率 Total mapped（%）
BR1-2	22 962 357	6 877 696 05	43.76	97.15	92.29	91.36
BR1-3	23 995 512	7 187 511 19	43.73	97.47	92.98	92.15
BR2-1	22 727 073	6 792 737 94	44.47	97.27	92.56	90.45
BR2-2	20 335 899	6 094 506 41	43.65	96.86	91.56	90.22
BR2-3	25 033 970	7 499 467 37	44.48	97.26	92.46	91.74
BR3-1	26 229 044	7 857 755 78	45.45	97.45	92.89	91.30
BR3-2	24 517 925	7 343 018 17	46.99	97.44	92.74	88.97
BR3-3	23 864 895	7 150 048 26	45.47	97.50	92.90	90.37
BR4-1	22 937 590	6 864 839 29	44.25	96.95	91.80	90.62
BR4-2	28 676 982	8 581 898 43	44.24	97.64	93.29	92.79
BR4-3	26 339 925	7 888 331 39	43.87	97.32	92.65	90.38
BR5-1	24 558 057	7 341 484 42	44.02	97.29	92.52	92.20
BR5-2	23 353 401	6 989 887 75	44.18	97.13	92.15	91.30
BR5-3	23 531 933	7 047 875 82	43.98	97.24	92.42	91.50
LR1-1	24 971 245	7 477 865 75	43.71	96.89	91.61	90.58
LR1-2	33 541 270	1 004 519 52	43.67	97.30	92.47	92.70
LR1-3	23 702 594	7 097 698 11	43.80	97.10	92.06	90.86
LR2-1	26 222 577	7 854 966 33	44.73	97.27	92.44	92.14
LR2-2	25 689 927	7 693 192 99	44.61	97.39	92.74	91.92
LR2-3	24 687 827	7 396 788 41	44.99	97.35	92.69	91.84
LR3-1	23 326 743	6 976 008 93	45.20	97.21	92.39	90.75
LR3-2	22 905 464	6 856 724 82	43.91	97.26	92.45	91.06
LR3-3	25 381 351	7 598 463 21	45.20	97.43	92.77	91.81
LR4-1	26 947 180	8 067 321 22	44.86	97.65	93.19	90.29
LR4-2	24 596 481	7 363 007 98	44.29	97.40	92.87	91.45
LR4-3	25 402 908	7 606 946 37	44.56	97.45	92.89	90.40
LR5-1	26 255 494	7 864 027 07	44.25	97.35	92.73	91.90
LR5-2	23 623 907	7 071 680 13	44.22	97.10	92.08	91.21
LR5-3	25 127 352	7 530 647 94	44.34	97.29	92.50	90.13

6.3.2 基因表达量分析

6.3.2.1 基因表达量分布

通过对基因表达水平的分析，可以比较不同样品的mRNA水平。本节研究是研究各转录本在同一物种不同发育期的表达，通过计算各样本所有基因的FPKM值后，以小提琴图展示不同样本基因或转录本表达水平的分布情况（图6-1），BR木奶果在第3阶段发育期基因表达量最高，LR木奶果在第2阶段发育期基因表达量最高；LR2与BR2相比基因表达量较高，其他时期基因表达量基本一致；基因表达量在第2、第3发育阶段有所提

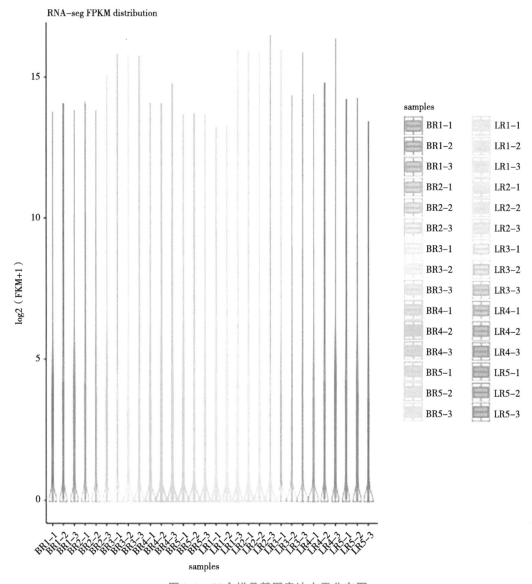

图6-1　30个样品基因表达水平分布图

Fig. 6-1　Gene expression level distribution map of 30 samples

高，第4、第5发育期进入成熟阶段时表达量逐渐减弱，推测果实成熟发育过程中后期与果实大小相关的基因不表达。

6.3.2.2 相关性分析

皮尔森相关性（Pearson correlation coefficient）是检验各样品间基因表达实验可靠性和样品选择合理性的重要指标。根据各样本所有基因的表达值FPKM，计算组内及组间样本的相关性系数，绘制成热图，能直观地显示组内样本重复和组间样本差异情况。木奶果果肉30个样本的皮尔森相关系数的平方（R^2）热图见图6-2，R^2越接近1，表明样品之间表达模式的相似度越高。通常生物学重复要求$R^2 > 0.8$，本节研究各样本间R^2在0.807 ~ 0.997，3次生物学样本重复性好，符合相关性系数要求。

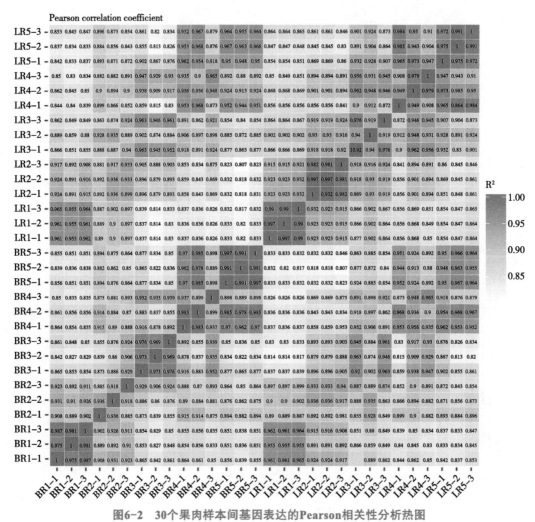

图6-2　30个果肉样本间基因表达的Pearson相关性分析热图

Fig. 6-2　Heat map of Pearson correlation analysis of gene expression between 30 flesh samples

6.3.2.3　PCA分析

PCA常用来评估组间差异以及组内样本重复性的情况。PCA通过线性代数的计算方法，对基因表达量进行降维计算以及主成分获取。理想状态下，同组样本应聚在一起。本试验中各阶段3个生物学重复样本主成分分析见图6-3，LR和BR的第一发育阶段样本紧密地聚合在一起，说明样本之间重复性好；第2、3阶段样本较分散地聚在一起，说明这2个发育期各样本差异较大，但整体上聚为一类；最后两个发育期样本聚在一起，表明生物学重复性较好。将5个阶段的样本分为三类，30DAF为幼果期，52DAF和73DAF为增长期，93DAF和112DAF为成熟期；PCA分析中表明73DAF到93DAF中果实开始进行成熟阶段，与代谢组分析相一致。

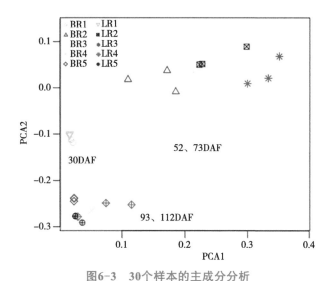

图6-3　30个样本的主成分分析

Fig. 6-3　Principal component analysis of 30 samples

DAF表示盛花期后天数（DAF前的数字为天数）。

DAF indicates the days after the full flowering（the number before DAF is days）.

6.3.3　木奶果果肉发育期DEGs分析

6.3.3.1　DEGs统计分析

LR和BR2种不同木奶果果肉在发育期中差异表达基因中的比较如图6-4，整个发育期中有11 714个DEGs，占木奶果总的预测基因40.155%；LR和BR相同发育期共5 466个DEGs，占总DEGs的46.662%，占木奶果总的预测基因18.737%，表明2个不同地方品系的木奶果果肉差异较大。LR发育过程中共8 203个DEGs，不同发育期中，LR2 vs LR1的DEGs最高，达到6 225个，随之逐渐降低，依次为3 446个、653个和192个DEGs；下调差异基因相对更多，LR2 vs LR1、LR3 vs LR2、LR4 vs LR3和LR5 vs LR4分别为3 701个、

1 925个、522个和116个DEGs。表明LR木奶果果实发育在前期的转录变化较大，可能涉及果实发育的细胞分裂、代谢物合成等。BR发育过程中共5 874个DEGs，相比LR较少。BR的DEGs随着发育期先升再减，BR2 vs BR1、BR2 vs BR1、BR4 vs BR3和BR5 vs BR4分别是1 507个、2 601个、2 262个和1 379个DEGs，较LR相比变化幅度较小；与LR相似，差异基因中下调相对更多，分别是903个、1 721个、1 241个和1 081个DEGs，推测果实发育成熟过程中很多基因具有抑制作用，它们的下调促进木奶果成熟。2种木奶果同一发育期中，LR和BR两者之间的比较显示前期差异较大，LR1 vs BR1中有2 667个DEGs，到第4阶段（93DAF）逐渐下降，DEGs分别是1 831个、1 236个和495个，在最后时期却增加到2 523个DEGs，表明该阶段差异基因对完全成熟期果肉品质影响较大。

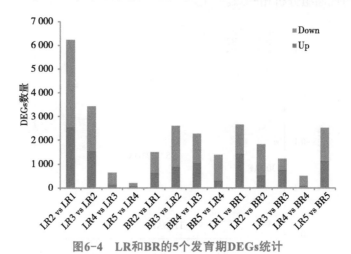

图6-4　LR和BR的5个发育期DEGs统计

Fig. 6-4　DEGs statistics of LR and BR at 5 development stages

6.3.3.2　DEGs的火山图分析

　　火山图可以清晰地展示具有显著差异表达的基因在样本间的整体分布情况，能具体地体现DEGs的差异倍数，对理解差异基因在木奶果果实成熟发育过程中提供较大帮助。LR和BR的5个发育期DEGs火山图见图6-5，前4个发育期DEGs逐渐下降，其中LR1 vs BR1中DEGs最多，差异基因的差异倍数最大且显著性最高，证明2种木奶果果实发育前期各基因表达不一致，随后逐渐趋于稳定，推测2种木奶果的发育速度有差别，越接近成熟期会逐渐一致，但最后完全成熟期DEGs由495个急剧增加到2 523个。前4个发育期下调基因数量逐渐下降，且下调基因的变化倍数特别大，推测这些下调基因对木奶果果实发育成熟过程中具有抑制作用。前4个发育期上调基因数量呈下降趋势（73DAF略升高），到93DAF上调基因只有67个，且全部DEGs也是最少的，然而第5个发育期DEGs又突然升高，表明最后完全成熟期DEGs对2种木奶果果肉口感具有较大影响。

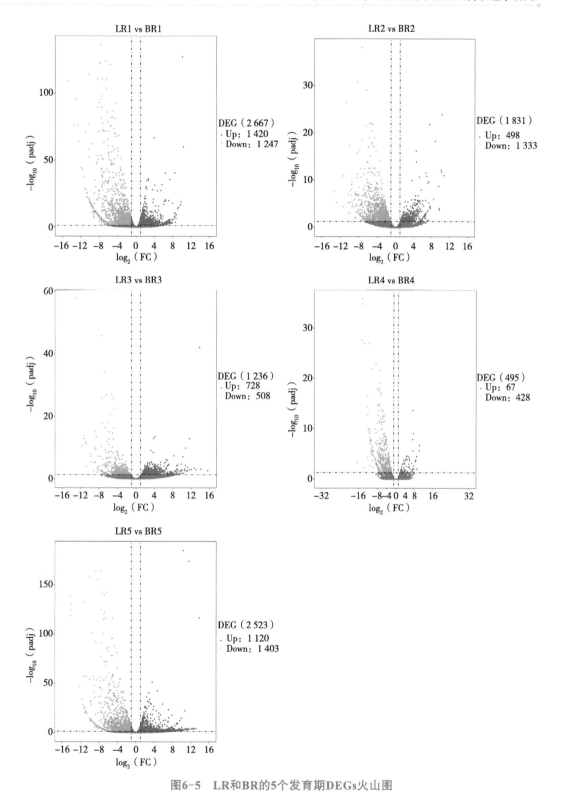

图6-5　LR和BR的5个发育期DEGs火山图

Fig. 6-5　DEGs volcanic plot of 5 developmant periods in LR vs BR

6.3.3.3 DEGs的韦恩图分析

为了更好地分析DEGs，笔者进一步对DEGs进行韦恩图分析。LR木奶果5个发育期的韦恩图如图6-6A，LR中5个发育期DEGs共有8 203个，主要集中在前3个发育阶段。整个发育期中均出现的DEGs有7个，分别是ctg188.g01584（DIR1：脂质转移蛋白）、ctg1707.g15561（OMT3：*O*-甲基转移酶3）、ctg482.g04198（DUT：脱氧尿苷5′-三磷酸核苷酸水解酶）、ctg915.g08011（PER4：过氧化物酶4）、ctg1707.g15559（ROMT：反式白藜芦醇di-*O*-甲基转移酶）、ctg374.g03417（HIBC3：3-羟基异丁酰辅酶A水解酶3）和ctg2048.g18389（SCP45：丝氨酸羧肽酶-类似45），表明这7个基因在LR木奶果果实发育中具有重要的调控作用。只在相邻发育期LR2 vs LR1、LR3 vs LR2、LR4 vs LR3和LR5 vs LR4出现的DEGs分别是4 234个、1 595个、183个和55个，表明LR的果实发育阶段转录变化主要集中在前期。同时在2个连续发育期LR2 vs LR1和LR3 vs LR2、LR3 vs LR2

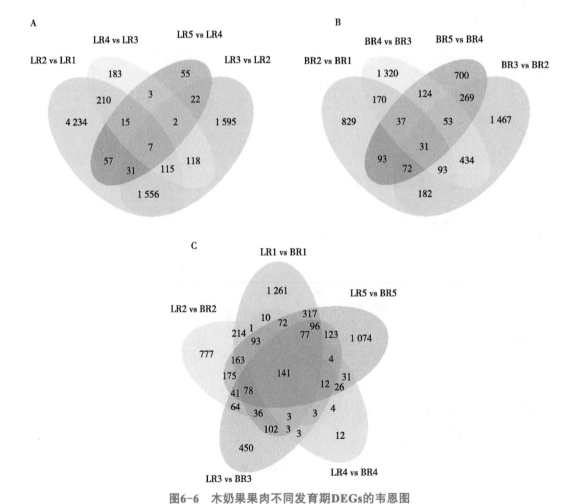

图6-6　木奶果果肉不同发育期DEGs的韦恩图

Fig. 6-6　DEGs venn diagram of different development stages in *Baccaurea ramiflora* Lour. fruit

和LR4 vs LR3、LR4 vs LR3和LR5 vs LR4同时出现的DEGs分别是1 556个、118个、3个，LR4 vs LR3和LR5 vs LR4中的3个DEGs分别是ctg472.g03946（IAN9：免疫相关的核苷酸结合蛋白9）、ctg1052.g08949（Y2267：失活的受体激酶At2g26730）和ctg800.g06905（MLP28：MLP-类似蛋白28），表明它们在LR最后成熟过程中具有重要的调控作用。同时只在LR2 vs LR1、LR3 vs LR2和LR4 vs LR3中出现的DEGs有115个；同时只在后4个发育期LR3 vs LR2、LR4 vs LR3和LR5 vs LR4中出现的DEGs有2个，分别是ctg377.g03455（TPS12：萜烯合酶12）和ctg474.g03953（BSMT1：水杨酸/苯甲酸羧基甲基转移酶），表明它们在最后4个发育调控具有关键作用。

BR木奶果5个发育期的韦恩图如图6-6B，BR中5个发育期共有5 874个DEGs，与LR不同，BR不同发育期相比的DEGs相对比较平衡。出现在整个发育期中的DEGs为31个（表6-3），表明它们在BR果实发育期中具有重要的调控作用。只在相邻发育期BR2 vs BR1、BR3 vs BR2、BR4 vs BR3和BR5 vs BR4出现的DEGs分别是829个、1 467个、1 320个和700个，与LR相比整个发育过程转录变化较大。同时只在BR2 vs BR1和BR3 vs BR2、BR3 vs BR2和BR4 vs BR3、分别是182个和434个DEGs；可推测52DAF到73DAF阶段与73DAF到93DAF阶段发生较大的转录表达变化，也表明BR在成熟阶段发生比LR更复杂的生理活动；BR4 vs BR3和BR5 vs BR4出现的DEGs为124个，表明它们在BR最后成熟过程中具有重要意义。同时在BR2 vs BR1、BR3 vs BR2和BR4 vs BR3中出现的DEGs有93个；同时在BR3 vs BR2、BR4 vs BR3和BR5 vs BR4中出现的DEGs有53个。从DEGs分析看，BR整体发育较LR复杂。

表6-3　BR不同发育期均表达的31个DEGs

Table 6-3　31 DEGs expressed simultaneously at different development stages in BR

编号 No.	基因ID Gene ID	蛋白编码基因描述 Description of protein coding gene
1	ctg105.g00983	热应激蛋白41　heat shock protein
2	ctg1539.g13797	富亮氨酸重复延伸蛋白1　leucine-rich repeat extensin-like protein 1
3	ctg3147.g27046	类豌豆球蛋白抗菌肽　Vicilin-like antimicrobial peptides 2-1
4	ctg474.g04009	hypothetical protein PRUPE 8G201600
5	ctg1662.g14734	热应激蛋白12　heat shock protein
6	ctg655.g05423	类AWPM-19膜家族蛋白　AWPM-19-like membrane family protein
7	ctg1950.g17265	天冬氨酸蛋白酶NEP2　aspartic proteinase nepenthesin-2
8	ctg3262.g27810	富脯氨酸蛋白4　proline-rich protein 4
9	ctg1496.g13470	谷胱甘肽S转移酶U7　glutathione S-transferase U7

（续表）

编号 No.	基因ID Gene ID	蛋白编码基因描述 Description of protein coding gene
10	ctg1568.g13968	油质蛋白5　oleosin 5
11	ctg1784.g16161	外包膜孔蛋白16-2　outer envelope pore protein 16-2
12	ctg1317.g11510	干燥相关蛋白PCC13-62　desiccation-related protein PCC13-62
13	ctg3337.g28904	UGPI4：uncharacterized GPI-anchored protein At3g06035
14	ctg3202.g27327	ACD11 1绑定伙伴　binding partner of ACD11 1
15	ctg1737.g15762	*
16	ctg1317.g11415	病程相关蛋白STH-2　pathogenesis-related protein STH-2
17	ctg3077.g26470	类豌豆球蛋白种子储存蛋白　vicilin-like seed storage protein
18	ctg796.g06871	uncharacterized protein LOC105629509
19	ctg1369.g11998	Y3136：clavaminate synthase-like protein At3g21360
20	ctg3337.g28890	基本7S球蛋白　basic 7S globulin
21	ctg1698.g15027	GDSL酯酶/脂肪酶　GDSL esterase/lipase At4g18970
22	ctg3058.g26290	11-β-羟基类固醇脱氢酶1A　11-beta-hydroxysteroid dehydrogenase 1A
23	ctg704.g06129	重金属相关异戊二烯基植物蛋白27　heavy metal-associated
24	ctg2055.g18534	UDP-糖基转移酶73C3　UDP-glycosyltransferase 73C3
25	ctg3008.g25973	核糖体失活蛋白3　ribosome-inactivating protein 3
26	ctg655.g05626	*
27	ctg3077.g26425	PREDICTED：uncharacterized protein LOC108987164
28	ctg271.g02734	3-酮乙基-辅酶A合酶19　3-ketoacyl-CoA synthase 19
29	ctg796.g06849	胚胎晚期丰富蛋白　late embryogenesis abundant protein ECP63
30	ctg1401.g12242	油质蛋白1　oleosin 1
31	ctg1317.g11173	类NDR1/HIN1蛋白质13 NDR1/HIN1-like protein 13

注：“*”表示未注释到该基因。

Note：“*” indicates that the gene was not annotated.

　　木奶果同一发育期不同地方品系之间的比较如图6-6C。5个发育期LR和BR同一时期之间的比较共有5 466个DEGs，占木奶果总基因数的18.74%；与不同发育阶段相比，同一发育期间的DEGs相对较少，表明发育阶段之间的转录表达差异更大。均差异表达的基因有141个（附表2），表明这些基因是导致LR和BR两种木奶果果肉品质差异的重要原因。只在LR1 vs BR1、LR2 vs BR2、LR3 vs BR3、LR4 vs BR4和LR5 vs BR5出现的DEGs分别是1 261个、777个、450个、12个和1 074个，表明产于两地品系前4个发育期的转录表达逐渐趋于相同，但最后成熟期的差异表达反而急剧增加说明果肉品质的差异主要发生在成熟阶段。同时只在LR1 vs BR1和LR2 vs BR2、LR2 vs BR2和LR3 vs BR3、LR3 vs BR3、LR4 vs BR4、LR4 vs BR4和LR5 vs BR5出现的DEGs分别是214个、64个、3个、31个，DEGs在前面3个时期相同的表达越来越少，表明LR和BR在第3个发育期到第4个发育期的转录表达变化较大；最后2个发育期中同时出现的31个DEGs在木奶果果品形成差异具有重要调控作用（表6-4）。LR5 vs BR5与LR4 vs BR4中相同的DEGs有31个，推测LR与BR成熟期中这些基因对两个地方品系的木奶果果实口感差异的调控具重要作用。同时只在LR1 vs BR1、LR2 vs BR2和LR3 vs BR3，LR2 vs BR2、LR3 vs BR3和LR4 vs BR4，LR3 vs BR3、LR4 vs BR4和LR5 vs BR5中出现的DEGs分别有36个、3个、4个；表明这36个DEGs对木奶果果肉差异的形成具有早期调控作用；另后期4个DEGs对木奶果果肉成熟品质差异的形成具有调控作用，分别是ctg1784.g16151（VEP1：3-氧代-δ（4，5）-类固醇5-β-还原酶）、ctg1064.g09177（INV1：β-呋喃果糖苷酶，不溶性同工酶1）、ctg21.g00122（AGL62：Agamous类MADS-box蛋白AGL62）和ctg2008.g18150（uncharacterized protein LOC110411794）。同时只在LR1 vs BR1、LR2 vs BR2、LR3 vs BR3和LR4 vs BR4中出现的DEGs有3个；同时只在LR2 vs BR2、LR3 vs BR3、LR4 vs BR4和LR5 vs BR5中出现的DEGs有12个。

表6-4　BR和LR后两个发育期均表达的31个DEGs

Table 6-4　31 DEGs expressed simultaneously at the last two development stages in LR vs BR

编号 No.	基因ID Gene ID	蛋白编码基因描述 Description of protein coding gene
1	ctg2470.g21928	类皮质铁氧还蛋白　adrenodoxin-like protein 2
2	ctg1784.g16146	转录因子MYB111　transcription factor MYB111
3	ctg495.g04417	PLAT结构域蛋白2　PLAT domain-containing protein 2
4	ctg2155.g19675	铁还原氧化酶2　ferric reduction oxidase 2
5	ctg1568.g14043	蛋白质JINGUBANG　protein JINGUBANG
6	ctg2150.g19644	uncharacterized protein LOC110657519
7	ctg1867.g16775	hypothetical protein POPTR 0014s09290g
8	ctg1496.g13386	细胞分裂控制蛋白6同源物B　cell division control protein 6 homolog B

（续表）

编号 No.	基因ID Gene ID	蛋白编码基因描述 Description of protein coding gene
9	ctg440.g03754	hypothetical protein POPTR 0017s01120g
10	ctg2373.g21067	PREDICTED：uncharacterized protein LOC105135173
11	ctg919.g08041	O-酰基转移酶WSD1　O-acyltransferase WSD1
12	ctg2351.g20948	E3泛素蛋白连接酶RMA3　E3 ubiquitin-protein ligase RMA3
13	ctg7.g00017	丝氨酸/苏氨酸激酶PIX7　probable serine/threonine-protein kinase PIX7
14	ctg1698.g15067	*
15	ctg1438.g12871	甜菜苷-蔗糖半乳糖基转移酶　6 probable galactinol-sucrose
16	ctg1222.g10494	氯离子通道蛋白CLC-c　chloride channel protein CLC-c
17	ctg2062.g18801	F-盒蛋白质At2g02240　F-box protein At2g02240
18	ctg2604.g23266	类LRR受体丝氨酸/苏氨酸蛋白激酶GSO1　LRR receptor-like serine/threonine-protein kinase GSO1
19	ctg1046.g08840	非典型阿拉伯半乳聚糖蛋白30　non-classical arabinogalactan protein 30-like
20	ctg1593.g14333	premnaspirodiene oxygenase
21	ctg3213.g27454	protein UPSTREAM OF FLC
22	ctg1034.g08763	多效耐药蛋白2　pleiotropic drug resistance protein 2
23	ctg1164.g10004	uncharacterized protein LOC110657519
24	ctg1568.g14019	细胞色素P450 71A1　cytochrome P450 71A1
25	ctg1060.g09091	protein tesmin/TSO1-like CXC 2
26	ctg2062.g18707	类富半胱氨酸受体蛋白激酶10　cysteine-rich receptor-like protein kinase 10
27	ctg1759.g15841	O-酰基转移酶WSD1　O-acyltransferase WSD1
28	ctg746.g06533	紫色酸性磷酸酶6　purple acid phosphatase 6
29	ctg357.g03278	果胶酯酶3　pectinesterase 3
30	ctg961.g08269	UPF0098 protein MTH 273
31	ctg1585.g14230	聚腺苷酶结合蛋白1　polyadenylate-binding protein 1

注：" * "表示未注释到该基因。

Note：" * " indicates that the gene was not annotated.

6.3.3.4 DEGs聚类热图

差异基因的聚类分析，可用于判断在不同实验条件下各基因调控模式的聚类模式，比较不同样本差异基因之间FPKM的差异。将表达模式相似的基因聚在一起，它们能共同参与某一代谢途径、信号通路或具有共同的基因功能。本试验对LR和BR 2种木奶果的同一发育期DEGs进行聚类，发现LR和BR木奶果的3个生物重复样品能较好地聚在一起，然后又各自在5个发育期的DEGs都会聚为不同类（图6-7），表明这2种木奶果果肉发育中基因表达具有显著差异，是研究木奶果果肉性状的好材料。

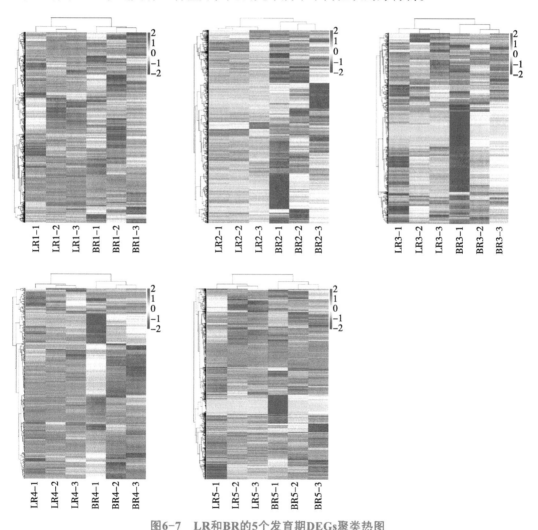

图6-7　LR和BR的5个发育期DEGs聚类热图

Fig. 6-7　DEGs clustering heat map of 5 developmant periods in LR vs BR

6.3.4　木奶果果肉发育中DEGs的GO功能富集分析

木奶果果实发育成熟阶段DEGs多且复杂，对DEGs进行GO功能富集分析，通过生

物过程、细胞组分和分子功能显示出来，本节研究分别对整个发育期的转录本进行GO功能富集分析，对DEGs进行分类分析，能更清晰地了解木奶果果实发育中相关基因的表达情况和功能信息，能进一步找到与果肉性状形成差异的关键基因。LR与BR同一发育期间的GO功能富集分析如下。

6.3.4.1　LR1 vs BR1中DEGs的GO富集

LR1 vs BR1发育阶段差异基因的GO富集中，主要发生在单个有机体过程和氧化还原过程。生物过程中，上调有82个GO通路，DEGs较多的主要集中在单个有机体过程（388个）、氧化还原过程（141个）、跨膜转运（81个）和次级代谢物过程（42个）；下调有73个GO通路，DEGs较多的主要集中在单个有机体过程（306个）、氧化还原过程（105个）、细胞分裂（18个）和细胞周期（18个），推测第1发育期BR木奶果果肉组织的细胞分裂更快。分子功能分类中，上调有98个GO通路，主要是催化活性（568个）、氧化还原酶活性（167个）、转移酶活性含磷基团转运（127个）和激酶活性（121个）；下调有65个GO通路，主要是氧化还原酶活性（117个）、胀基核苷酸结合（26个）和GTP结合（25个）。细胞成分分类中，上调有17个分类项，主要是膜（380个）、膜部分（274个）、膜的内在成分（266个）和膜的组成部分（260个）；下调有30个分类项，主要是胞质部分（185个）、细胞器部分（133个）和细胞内细胞器部分（133个）。第1发育阶段中关于果品代谢物DEGs的GO功能富集分析结果见图6-8。生物过程中关于果肉品质代谢物的上调DEGs主要富集在苯丙烷类代谢和生物合成过程、类黄酮代谢和生物合成过程、葡萄糖转运、己糖跨膜转运、葡萄糖醛酸脂代谢过程、类

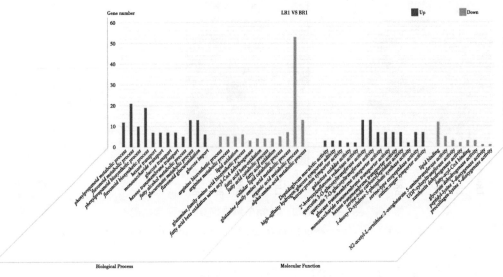

图6-8　LR1 vs BR1果品代谢物相关DEGs的GO富集分析

Fig. 6-8　GO enrichment analysis of DEGs related to fruit metabolites in LR1 vs BR1

黄酮的糖酯化、葡萄糖输入；关于果肉品质代谢物的下调DEGs主要富集在有机酸代谢过程、α-氨基酸代谢过程、精氨酸生物合成和代谢过程、脂类氧化物、脂肪酸分解代谢过程、脂肪酸氧化等。分子功能中关于果肉品质代谢物的上调DEGs主要富集在肽聚糖黏液活性、葡萄糖转运体活性、半乳糖氧化酶活性、2′-羟基异黄酮还原酶活性、槲皮素3-O-葡糖基转移酶活性、槲皮素7-O-葡糖基转移酶活性、葡萄糖跨膜转运体活性、丝氨酸型羧肽酶活性；关于果肉品质代谢物的下调DEGs主要富集在UDP-木糖基转移酶活性、脂肪酰基-辅酶A结合、脂质结合、甘油酸盐脱氢酶活性。

6.3.4.2　LR2 vs BR2中DEGs的GO富集

LR2 vs BR2发育阶段差异基因的GO富集中，出现了与光合作用相关的GO通路和大量的有机酸代谢。生物过程分类中，上调有89个GO通路，DEGs较多的主要集中在光合作用（10个）、光刺激反应（9个）、光合作用光收获（7个）、光合作用光反应（7个）；下调有100个GO通路，DEGs较多的主要集中在单个有机体过程（397个）、氧化还原过程（159个）、有机酸代谢过程（79个）；显示LR在第二发育期中光合作用显著，推测与其果皮呈绿色相关。分子功能分类中，上调有69个GO通路，主要是水解酶活性（19个）、转移酶活性（16个）、离子通道活性（7个）；下调有86个GO通路，主要是催化活性（597个）、氧化还原酶活性（175个）、水解酶活性（47个）。细胞成分分类中，上调有23个分类项，主要是膜（147个）、膜的内在成分（109个）、质膜内部成分（13个）、质膜部分（13个）；下调有20个分类项，主要是膜（362个）、膜部分（282个）、膜的内在成分（276个）、膜的组成成分（271个）。总体表现为下调的DEGs较多，表明BR在第2发育阶段基因表达更活跃。第2发育阶段中关于果品代谢物DEGs的GO功能富集分析结果见图6-9。生物过程中关于果肉品质代谢物的上调DEGs主要富集在葡萄糖稳态、碳水化合物稳态、胡萝卜素代谢过程、碳水化合物磷酸化、甘油三酯生物合成和代谢过程；关于果肉品质代谢物的下调DEGs主要富集在类黄酮代谢过程、类黄酮生物合成过程、有机酸代谢过程、葡萄糖转运、碳水化合物代谢过程、脂肪酸分解代谢过程、细胞脂质代谢过程，推测这些DEGs与第2发育期中LR的类黄酮生物合成显著下调，有机酸的积累显著增加相关。分子功能中关于果肉品质代谢物的上调DEGs主要富集在色素结合、葡萄糖激酶活性、果糖激酶活性、碳水化合物结合、碳水化合物激酶活性、苹果酸脱氢酶（脱羧）（NADP$^+$）活性；关于果肉品质代谢物的下调DEGs主要富集在槲皮素3-O-葡糖基转移酶活性、槲皮素7-O-葡糖基转移酶活性、UDP-葡糖基转移酶活性、葡糖基转移酶活性、葡萄糖跨膜转运体活性、UDP-糖基转移酶活性、苹果酸合成酶活性、α-1,4-葡萄糖苷酶活性、碳水化合物跨膜转运活性、葡糖苷酶活性；第2发育期的分子功能GO通路富集表明这些DEGs在糖酸代谢途径和类黄酮生物合成途径具有重要作用。

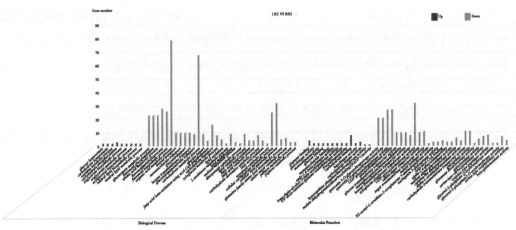

图6-9　LR2 vs BR2果品代谢物相关DEGs的GO富集分析

Fig. 6-9　GO enrichme 1 nt analysis of DEGs related to fruit metabolites in LR2 vs BR2

6.3.4.3　LR3 vs BR3中DEGs的GO富集

LR3 vs BR3发育阶段差异基因的GO富集中，跨膜转运蛋白逐渐活跃，推测与代谢物的运输相关。生物过程分类中，上调有88个GO通路，DEGs较多的主要集中在单个有机体过程（232个）、氧化还原过程（92个）、跨膜转运（58个）；下调有100个GO通路，DEGs较多的主要集中在单个有机体过程（150个）、羧酸代谢过程（28个）、单羧酸代谢过程（19个）。分子功能分类中，上调有82个GO通路，主要是氧化还原酶活性（106个）、跨膜转运体活性（46个）、底物特异性跨膜转运蛋白活性（40个）；下调有63个GO通路，主要是氧化还原酶活性（58个）、葡萄糖跨膜转运体活性（7个）；该阶段的跨膜转运相关差异基因显著增加，推测与木奶果果实开始进入成熟期有关，果肉中的可溶性糖、有机酸等代谢物开始大量合成。细胞成分分类中，上调有9个分类项，主要是膜（217个）、膜部分（159个）、膜的内部成分（156个）、膜的组成部分（153个）；下调有25个分类项，主要是细胞内核糖核蛋白复合体（23个）、核糖核蛋白复合体（23个）、液泡（16个）、液泡部分（10个）。第3发育阶段中关于果品代谢物DEGs的GO功能富集分析结果见图6-10。生物过程中关于果肉品质代谢物的上调DEGs主要富集在碳水化合物代谢过程、类黄酮生物合成过程、有机酸代谢过程、碳水化合物转运、葡萄糖跨膜转运、葡萄糖转运、葡萄糖输入；关于果肉品质代谢物的下调DEGs主要富集在有机酸代谢过程、脂质生物合成过程、葡萄糖转运、碳水化合物转运、乙醛酸循环、葡萄糖输入。分子功能中关于果肉品质代谢物的上调DEGs主要富集在葡萄糖跨膜转运体活性、查尔酮异构酶活性、糖：质子同向转运活性、丝氨酸羧肽酶活性、碳水化合物结合、碳水化合物转运体活性、槲皮素3-*O*-葡糖基转移酶活性、槲皮素7-*O*-葡糖基转移酶活性、蔗糖合酶活性、UDP-葡糖基转移酶活性；关于果肉品质主要代谢物的下调DEGs主要富集在葡萄糖跨膜转运体活性、苹果酸合成酶活性、碳水化合物跨膜转运体活性、碳水化合物转运体活性。

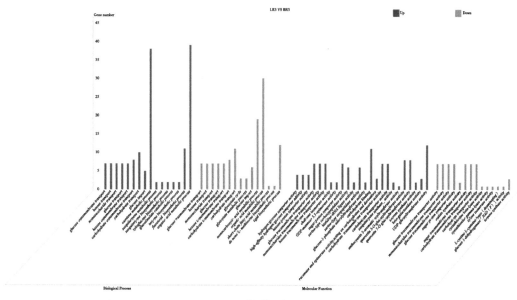

图6-10　LR3 vs BR3果品代谢物相关DEGs的GO富集分析

Fig. 6-10　GO enrichment analysis of DEGs related to fruit metabolites in LR3 vs BR3

6.3.4.4　LR4 vs BR4中DEGs的GO富集

LR4 vs BR4发育阶段差异基因的GO富集中，DEGs的GO通路富集最少，主要是集中在代谢过程。生物过程分类中，上调有39个GO通路，DEGs较多的主要集中在单个有机体过程（18个）、代谢过程（22个）、分解代谢过程（6个）；下调有62个GO通路，DEGs较多的主要集中在细胞分裂（6个）、翻译延伸（5个）、细胞氨基酸生物合成过程（5个）、碳水化合物衍生物分解代谢过程（4个）。分子功能分类中，上调有32个GO通路，主要是酶抑制剂活性（2个）、磷脂酰乙醇胺结合（1个）、乙醛脱氢酶（NADP$^+$）活性（1个）；下调有32个GO通路，主要是GTP结合（11个）、鸟苷核苷酸结合（11个）、GTP酶活性（7个）。细胞成分分类中，上调有3个分类项，主要是蛋白酶体的核心复合物，α-亚基复合物（1个）、胞外区（3个）、蛋白酶体的核心复合体（1个）；下调有38个分类项，主要是细胞器部分（50个）、细胞内细胞器部分（50个）、叶绿体部分（17个）、质体部分（17个）。第4发育阶段中关于果品代谢物DEGs的GO功能富集分析结果见图6-11。关于果肉品质代谢物的上调DEGs主要富集在葡萄糖稳态、碳水化合物稳态、葡萄糖醛酸脂代谢过程、类黄酮的糖酯化、糖醛酸代谢过程、类黄酮生物合成过程、葡萄糖6-磷酸代谢过程；关于果肉品质代谢物的下调DEGs主要富集在谷氨酰胺家族氨基酸生物合成、碳水化合物衍生物分解代谢过程、戊糖代谢过

程、中性脂类生物合成和代谢过程、精氨酸生物合成过程、细胞氨基酸生物合成过程、氨基糖分解代谢过程、α-氨基酸生物合成过程、葡萄糖转运。分子功能中关于果肉品质代谢物的上调DEGs主要富集在醛糖1-表异构酶活性、葡萄糖激酶活性、葡萄糖结合、花青素3-*O*-葡糖基转移酶活性、果糖激酶活性；关于果肉品质代谢物的下调DEGs主要富集在木糖基转移酶活性、木糖异构酶活性、葡萄糖1-脱氢酶[NAD（P）]活性、葡萄糖跨膜转运活性、木酮糖激酶活性、淀粉合成酶活性。

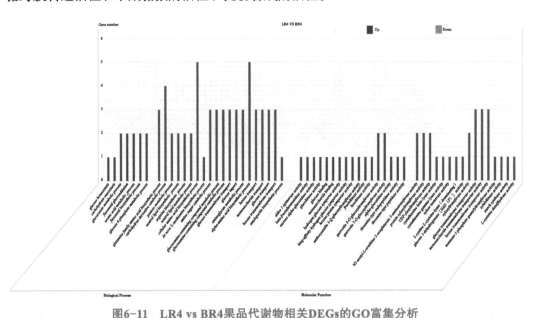

图6-11　LR4 vs BR4果品代谢物相关DEGs的GO富集分析

Fig. 6-11　GO enrichment analysis of DEGs related to fruit metabolites in LR4 vs BR4

6.3.4.5　LR5 vs BR5中DEGs的GO富集

LR5 vs BR5发育阶段差异基因的GO富集中，氧化还原和转移酶活性又再次显著活跃。生物过程分类中，上调有104个GO通路，DEGs较多的主要集中在单个有机体代谢过程（192）、氧化还原过程（106个）、磷酸盐代谢过程的调节（14个）、磷代谢过程的调节（14个）；下调有67个GO通路，DEGs较多的主要集中在单个有机体过程（401个）、氧化还原过程（148个）、小分子代谢过程（96个）。分子功能分类中，上调有54个GO通路，主要是氧化还原酶活性（121个）、转移酶活性（40个）、UDP-糖基转移酶活性（22个）；下调有74个GO通路，主要是催化活性（580个）、离子结合（201个）、阳离子结合（182个）、金属离子结合（180个）。细胞成分分类中，上调有21个分类项，主要是膜的内在成分（214个）、膜的整体部分（213个）、叶绿体包膜（19个）、质体包膜（19个）；下调有19个分类项，主要是膜部分（306个）、膜的内在成分（294个）、膜的组成成分（289个）、胞外区（33个）。第5发育阶段中关于果品代谢物DEGs的GO功能富集分析结果见图6-12。关于果肉品质代谢物的上调DEGs主要富集在脂质沉积、类黄酮代谢过程、碳水化合物转运、类黄酮的糖酯化、糖醛酸代谢过程、葡萄糖跨膜转运；关于果肉品质代谢物的下调DEGs主要富集在有机酸代谢和生物合成过程、类黄酮代谢和生物合成过程、类黄酮糖酯化、糖醛酸代谢过程。分子功能中关于果肉品质代谢物的上调DEGs主要富集在UDP-糖基转移酶活性、天冬酰胺酶活性、果糖激酶活性、葡糖基转移酶活性、槲皮素3-O-葡糖基转移酶活性、槲皮素7-O-葡糖基转移酶活性、UDP-糖基转移酶活性；关于果肉品质代谢物的下调DEGs主要富集在萜烯合酶活性、类黄酮3′,5′-羟化酶活性、槲皮素3-O-葡糖基转移酶活性、槲皮素7-O-葡糖基转移酶活性、葡糖苷酶活性。

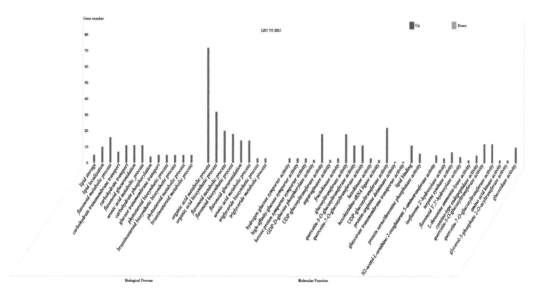

图6-12　LR5 vs BR5果品代谢物相关DEGs的GO富集分析

Fig. 6-12　GO enrichment analysis of DEGs related to fruit metabolites in LR5 vs BR5

　　槲皮素作为类黄酮和花色苷生物合成途径的分支，除了52DAF，LR相比BR的其他4个发育期中槲皮素3-O-葡糖基转移酶活性和槲皮素7-O-葡糖基转移酶活性都显著上调，表明LR花色苷合成途径中二氢槲皮素更多地用来合成槲皮素糖苷，导致合成无色花青素的底物减少，从而后期花青素合成降低。证明槲皮素3-O-葡糖基转移酶活性和槲皮素7-O-葡糖基转移酶活性GO通路中的DEGs对木奶果果肉的着色具有一定的抑制作用。

6.3.5　木奶果果实发育中DEGs的KEGG富集分析

　　KEGG途径富集分析是分析基因表达信息的常用方法，通过对木奶果各发育期的果肉组织中差异基因进行富集分析，可以找到DEGs参与植物初级代谢物及次级代谢物的

代谢途径中所发挥的生物功能，对发现生物学过程中起关键作用的信号通路以及相关生物学过程的分子机制具有重要意义，能进一步研究木奶果果肉性状形成差异的内在原因。LR与BR相同发育期DEGs的KEGG富集的果品代谢通路见表6-5。

表6-5　LR与BR同一发育期DEGs的KEGG富集的果品代谢通路
Table 6-5　KEGG enrichment pathway of DEGs at the same development stage in LR vs BR

LR与BR同一发育期对比 LR vs BR	序号 No.	代谢途径ID及KEGG显著富集的果品代谢途径 KEGG ID/KEGG significantly enriched fruit metabolic pathway	注释到差异表达基因数目和所占比例 The number and proportion of DEGs noted	P值 P value	↑/↓
LR1 vs BR1	1	ko00900：萜类化合物生物合成	10（14.084 5%）	0.005 848	↑
	2	ko00941：类黄酮生物合成	6（14.285 7%）	0.028 355	↑
	3	ko00010：糖酵解与糖代谢合成	13（9.154 9%）	0.039 781	↑
	4	ko00592：α-亚麻酸代谢	7（11.666 7%）	0.044 166	↑
	5	ko00051：果糖与甘露糖代谢	7（11.475 4%）	0.047 260	↑
	6	ko01230：氨基酸生物合成	29（10.283 7%）	0.001 815	↓
	7	ko00220：精氨酸生物合成	7（17.500 0%）	0.010 631	↓
LR2 vs BR2	8	ko00062：脂肪酸伸长	6（23.076 9%）	0.004 154	↓
	9	ko04973：碳水化合物消化吸收	4（36.363 6%）	0.005 099	↓
	10	ko00280：缬氨酸、亮氨酸和异亮氨酸的降解	8（12.307 7%）	0.026 226	↓
	11	ko00940：苯丙素的生物合成	16（8.648 6%）	0.038 811	↓
	12	ko00250：丙氨酸、天冬氨酸和谷氨酸代谢	7（11.666 7%）	0.045 445	↓
LR3 vs BR3	13	ko00520：氨基糖和核苷酸糖代谢	11（7.051 3%）	0.009 362	↑
	14	ko00591：亚油酸代谢	4（13.333 3%）	0.016 272	↑
	15	ko00380：色氨酸代谢	5（9.803 9%）	0.022 793	↑
	16	ko00500：淀粉和糖代谢	13（5.701 8%）	0.023 418	↑
	17	ko00250：丙氨酸、天冬氨酸和谷氨酸代谢	5（8.333 3%）	0.040 038	↑
	18	ko00400：苯丙氨酸、酪氨酸和色氨酸的生物合成	5（7.575 8%）	0.026 822	↓
LR4 vs BR4	19	ko00010：糖酵解与糖代谢合成	3（2.112 7%）	0.005 456	↑

（续表）

LR与BR同一发育期对比 LR vs BR	序号 No.	代谢途径ID及KEGG显著富集的果品代谢途径 KEGG ID/KEGG significantly enriched fruit metabolic pathway	注释到差异表达基因数目和所占比例 The number and proportion of DEGs noted	P值 P value	↑/↓
LR4 vs BR4	20	ko00940：苯丙素的生物合成	3（1.621 6%）	0.011 142	↑
	21	ko00052：半乳糖代谢	2（2.702 7%）	0.015 384	↑
	22	ko00040：戊糖、葡萄糖醛酸转换	2（2.222 2%）	0.022 055	↑
	23	ko04973：碳水化合物消化吸收	1（9.090 9%）	0.029 790	↑
	24	ko00220：精氨酸生物合成	3（7.500 0%）	0.041 225	↓
	25	ko00900：帖类化合物生物合成	4（5.633 8%）	0.045 138	↓
LR5 vs BR5	26	ko00280：缬氨酸、亮氨酸和异亮氨酸的降解	8（12.307 7%）	0.010 307	↑
	27	ko00340：组氨酸代谢	4（16.666 7%）	0.027 018	↑
	28	ko00561：甘油脂类代谢	7（9.859 2%）	0.042 185	↑
	29	ko00040：戊糖、葡萄糖醛酸转换	8（8.888 9%）	0.049 950	↑
	30	ko01230：氨基酸生物合成	30（10.638 3%）	0.003 588	↓
	31	ko00940：苯丙烷类生物合成	24（28.235 3%）	0.000 855	↓
	32	ko00400：苯丙氨酸、酪氨酸和色氨酸生物合成	9（13.636 4%）	0.026 8	↓
	33	ko00220：精氨酸生物合成	9（22.500 0%）	0.001 626	↓
	34	ko00062：脂肪酸伸长	5（19.230 8%）	0.029 867	↓
	35	ko00290：缬氨酸、亮氨酸和异亮氨酸的生物合成	5（17.241 4%）	0.042 554	↓
	36	ko04973：碳水化合物消化吸收	4（36.363 6%）	0.008 751	↓
	37	ko04975：脂肪消化吸收	3（42.857 1%）	0.016 564	↓

6.3.5.1　LR1 vs BR1中DEGs的KEGG通路富集分析

LR1 vs BR1中上调有35个KEGG途径，差异表达基因主要富集在植物–病原互作（16个）、糖酵解与糖代谢合成（13个）和帖类化合物生物合成（10个）等途径；关于果肉品质代谢物的DEGs主要富集在帖类化合物生物合成、类黄酮生物合成（6个）、糖酵解与糖代谢合成（13个）、α-亚麻酸代谢（7个）、果糖和甘露糖代谢（7个）。下调

有11个KEGG途径，主要富集在氨基酸生物合成（29个）、细胞循环（14个）、过氧化物酶体（12个）等途径；关于果肉品质代谢物的DEGs主要富集在氨基酸生物合成、精氨酸生物合成（7个）。

6.3.5.2　LR2 vs BR2中DEGs的KEGG通路富集分析

LR2 vs BR2中上调有20个KEGG途径，主要富集在植物激素信号转导（15个）、光合作用-结合蛋白（6个）和双萜类生物合成（5个）等途径；没有富集到关于果肉品质代谢物的DEGs。下调有18个KEGG途径，主要富集在苯丙烷类生物合成（16个）、细胞色素P450对外源性药物的代谢作用（11个）、α-亚油酸代谢（10个）等途径；关于果肉品质代谢物的DEGs主要富集在脂肪酸伸长（6个）、碳水化合物消化吸收（4个）、缬氨酸亮氨酸和异亮氨酸的降解（8个）、苯丙烷类生物合成（16个）、丙氨酸天冬氨酸和谷氨酸代谢（7个）。表明第2个发育期中BR在代谢中表达更丰富，初级代谢物的各项代谢途径都较活跃；次级代谢物中苯丙烷类代谢物合成较多，推测与BR果肉颜色粉红色形成相关，而LR中果肉为乳白色，与前期代谢组成分分析相符合。

6.3.5.3　LR3 vs BR3中DEGs的KEGG通路富集分析

LR3 vs BR3中上调有25个KEGG途径，主要富集在淀粉和蔗糖代谢（13个）、氨基酸糖和核苷酸糖代谢（11个）、植物-病原互作（10个）和丙酮酸代谢（9个）等途径；关于果肉品质代谢物的DEGs主要富集在氨基酸糖和核苷酸糖代谢、亚油酸代谢（4个）、色氨酸代谢（5个）、淀粉和蔗糖代谢、丙氨酸天冬氨酸和谷氨酸代谢（5个）。下调有15个KEGG途径，主要富集在细胞循环（11个）；关于果肉品质代谢物的DEGs只富集在苯丙氨酸酪氨酸和色氨酸生物合成（5个）。

6.3.5.4　LR4 vs BR4中DEGs的KEGG通路富集分析

LR4 vs BR4中上调有9个KEGG途径，主要富集在糖酵解与糖代谢合成（3个）、苯丙烷类生物合成（3个）、半乳糖代谢（2个）等途径；关于果肉品质代谢物的DEGs主要富集在糖酵解与糖代谢合成、苯丙烷类生物合成、半乳糖代谢、戊糖和葡萄糖醛酸脂互变（2个）、碳水化合物消化吸收（1个）。下调有11个KEGG途径，主要富集在卵母细胞减数分裂（5个）、AMPK信号途径（5个）、萜类化合物生物合成（4个）等途径；关于果肉品质代谢物的DEGs主要富集在精氨酸生物合成（3个）、萜类化合物生物合成（4个）。

6.3.5.5　LR5 vs BR5中DEGs的KEGG通路富集分析

LR5 vs BR5中上调有23个KEGG途径，主要富集在植物激素信号转导（15个）、结核病（10个）、抗原处理和呈递（9个）、缬氨酸亮氨酸和异亮氨酸的降解（8个）等途径；关于果肉品质代谢物的DEGs主要富集在缬氨酸亮氨酸和异亮氨酸的降解、组氨酸代谢（4个）、甘油酯代谢（7个）、戊糖和葡萄糖醛酸脂互变（8个）。下调有12个KEGG途径，主要富集在氨基酸生物合成（30个）、苯丙烷类生物合成（24个）、苯丙氨酸酪氨酸和色氨酸生物合成（9个）等途径；关于果肉品质代谢物的DEGs主要富集在氨基酸生物合成（30个）、苯丙烷类生物合成（24个）、苯丙氨酸酪氨酸和色氨酸生物合成（9个）、精氨酸生物合成（9个）、脂肪酸伸长（5个）和缬氨酸，亮氨酸和异亮氨酸的生物合成（5个）、碳水化合物消化吸收（4个）、脂肪消化吸收（3个）。没有富集到花青素和类黄酮途径，说明LR和BR之间的花青素差异主要是在前期积累的。

6.3.6 木奶果果肉中类黄酮代谢途径中的基因表达式样分析

类黄酮在植物中的生物合成途径已经较明确，且在不同物种间相对保守（Zhang等，2014；Baudry等，2004）。本节研究在获得DEGs后，基于对不同发育期的DEGs进行GO富集和KEGG富集分析，找到了木奶果果肉中类黄酮和花色苷生物合成途径中的结构基因及其在发育阶段的差异表达基因（表6-6），并构建了包含木奶果果肉花色苷合成途径中各结构基因表达热图的通路图（图6-13），共找到了45个类黄酮生物合成途径相关的结构基因，38个基因发生了的差异表达。花色苷合成早期结构基因有*PAL*（ctg2456.g21765、ctg836.g07135）、*C4H*（ctg733.g06345）、*C4L*（ctg3279.g28008、ctg2580.g23157、ctg836.g07174、ctg3058.g26217和ctg3058.g26218）、*CHS*（ctg655.g05350、ctg3105.g26705）、*CHI*（ctg965.g08335、ctg502.g04473）、*F3H*（ctg1825.g16638、ctg1147.g09820）、*F3′5′H*（ctg3090.g26553、ctg1305.g11051、ctg2135.g19559、ctg2839.g24678和ctg17.g00099）、*F3′H*（ctg287.g02877、ctg2135.g19557）、*DFR*（ctg1578.g14126）、*FLS*（ctg1560.g13893、ctg2313.g20660、ctg2657.g23512）。花色苷合成中后期结构基因有*LAR*（ctg2548.g22735、ctg1760.g15871）、*LDOX*（无色花青素加双氧酶，leucoanthocyanidin dioxygenase）（ctg438.g03741、ctg3056.g26143）、*UFGT/3GT*（ctg2661.g23571、ctg1496.g13357、ctg1652.g14649、ctg1652.g14646、ctg1306.g11055、ctg1210.g10432、ctg2440.g21453、ctg2170.g19838、ctg3000.g25733、ctg2661.g23551、ctg2055.g18534）、*ANR*（ctg1329.g11603、ctg2699.g23958）。转录组分析中没有注释到*ANS*（anthocyanidin synthase）基因，但注释到两个同源序列*LDOX*。矢车菊素是由无色花青素经花青素合酶（ANS）或者一种铁依赖的2-葡萄糖酸二加氧酶（也称为ANS）合成（Abrahams等，2003），ANS和*ANS*基因具有相同的生物功能。并发现了合成原花青素（PA）途径的花青素还原酶基因（*ANR*），结合代谢组对进一步解释PA途径具有重要意义。

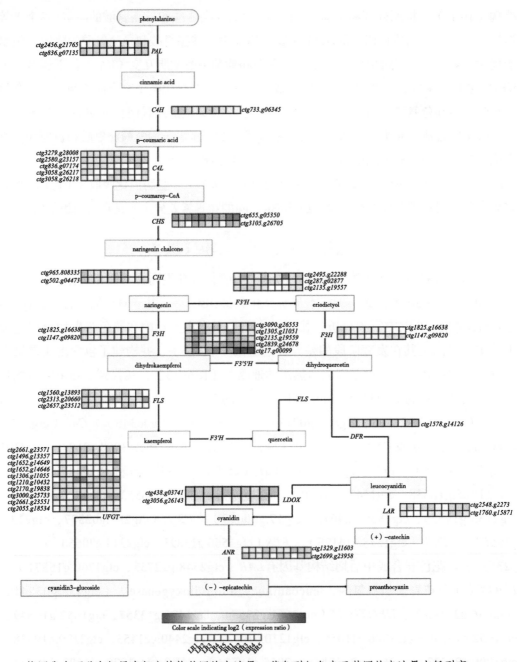

热图代表两种木奶果中相应结构基因的表达量，蓝色到红色表示基因的表达量由低到高。

The heatmap represents the expression of corresponding structural genes in two *Baccaurea ramiflora* Lour., and from blue to red indicates the expression levels of structural genes ranging from low to high in the heatmap.

图6-13　木奶果果肉发育过程中花色苷生物合成途径相关结构基因的表达水平

Fig. 6-13　Expression level of structural genes related to anthocyanin biosynthesis pathway development in *Baccaurea ramiflora* Lour. fruit

6.3.6.1 LR和BR同时期中类黄酮代谢途径的基因表达分析

LR和BR同一时期的5个发育阶段中相比，早期出现了较多的DEGs，类黄酮合成途径中的结构基因变化见表6-6。

表6-6 木奶果果肉花色苷生物合成途径中结构基因的差异表达
Table 6-6 DEGs involved in anthocyanin biosynthesis pathway of Baccaurea ramiflora Lour. fruit

基因名 Gene Name	基因ID Gene ID	LR中5个发育期 5 development stages in LR	BR中5个发育期 5 development stages in BR	LR与BR同一发育期 The same development stage in LR vs BR
F3'H	ctg2495.g22288	2-1↓	3-2↓、4-3↑	2和5↓
	ctg287.g02877	2-1↓	—	1↑
	ctg2135.g19557	—	3-2↓	—
DFR	ctg1578.g14126	—	4-3↑	1和3↑
FLS	ctg1560.g13893	—	3-2↓	3↑
LAR	ctg2548.g22735	2-1↓、3-2和4-3↑	4-3↑	—
	ctg1760.g15871	2-1↓	—	1↑
ANR	ctg1329.g11603	2-1↑	3-2↓	—
	ctg2699.g23958	2-1↓	3-2↓	—
LDOX	ctg438.g03741	—	4-3↑	—
	ctg3056.g26143	—	3-2↑	—
UFGT	ctg2661.g23571	2-1↓、3-2↑	4-3↑	2↓
	ctg1496.g13357	2-1↓	—	5↑
	ctg1652.g14649	2-1↑	—	5↑
	ctg1652.g14646	3-2↑	—	2↓
	ctg1306.g11055	3-2↑、4-3↓	3-2↑、4-3↓	1、2和5↓
	ctg1210.g10432	2-1↑、4-3↓	3-2↓	1↓、3↑
	ctg2170.g19838	3-2↑、4-3↓	3-2↑、4-3↓	—
	ctg3000.g25733	2-1和4-3↓	4-3↓	—
	ctg2661.g23551	2-1↓、3-2↑	3-2↑	2↓
	ctg2055.g18534	2-1↓	2-1、4-3和5-4↑、3-2下调	2↓

注："—"表示没有显著差异表达，"↓"代表下调，"↑"代表上调。

Notes："—" indicates no significant difference expression，"↓" indicates down，"↑" indicates up.

木奶果果实第1个发育阶段的DEGs中（幼果期），*C4L*（ctg2580.g23157和ctg836.g07174均下调；*CHI*（ctg965.g08335上调）；*F3H*中ctg1825.g16638上调、ctg1147.g09820下调；*F3′5′H*中ctg1305.g11051、ctg2839.g24678和ctg17.g00099均下调；*F3′H*中ctg287.g02877上调；*DFR*中ctg1578.g14126上调；*LAR*中ctg1760.g15871上调；*LAR*中ctg1760.g15871上调；*UFGT/3GT*中ctg1306.g11055和ctg1210.g10432均下调。

木奶果果实第2个发育阶段的DEGs中（幼果期），*C4L*中ctg836.g07174下调；*F3H*中ctg1147.g09820下调；*F3′H*中ctg2495.g22288下调；*UFGT/3GT*中ctg2661.g23571、ctg1652.g14646、ctg1306.g11055、ctg2661.g23551和ctg2055.g18534均下调。

木奶果果实第3个发育阶段的DEGs中，*C4L*中ctg836.g07174下调；*CHI*中ctg965.g08335和ctg502.g04473均上调；*F3′5′H*中ctg1305.g11051、ctg2839.g24678和ctg17.g00099均上调；*DFR*中ctg1578.g14126上调；*FLS*中ctg1560.g13893上调；*UFGT/3GT*中ctg1210.g10432上调。

木奶果果实第4个发育阶段的DEGs中（成熟期），仅发现*F3H*中ctg1147.g09820下调。

木奶果第5个发育阶段的DEGs中（完全成熟期），*PAL*中ctg2456.g21765下调；*C4L*中ctg2580.g23157和ctg836.g07174均下调；*F3H*中ctg1147.g09820下调；*F3′5′H*中ctg1305.g11051和ctg2135.g19559均上调；*F3′H*中ctg2495.g22288下调；*UFGT/3GT*中ctg1496.g13357和ctg1652.g14649均上调，ctg1306.g11055下调；完全成熟期中BR木奶果果肉类黄酮途径相关的结构基因表现为多数上调。

6.3.6.2　BR不同发育期中类黄酮代谢途径的基因表达分析

幼果期BR2 vs BR1的DEGs中，*F3′5′H*中ctg3090.g26553和ctg2135.g19559均上调，二氢山奈酚快速转变为二氢槲皮素；*UFGT/3GT*中ctg2055.g18534上调，促进花青素糖苷化，推测与果肉着色变红相关。

木奶果果实快速膨大期，BR3 vs BR2的DEGs中，*C4L*中ctg3279.g28008下调、ctg3058.g26218上调；*CHS*中ctg3105.g26705下调；*CHI*中ctg965.g08335和ctg502.g04473下调；*F3′5′H*中ctg1305.g11051、ctg2839.g24678和ctg17.g00099均下调，且几乎不表达，表明它们只在果肉发育早期高表达；*F3′H*中ctg2495.g22288和ctg2135.g19557均下调；*FLS*中ctg1560.g13893下调；*ANR*中ctg1329.g11603和ctg2699.g23958下调；*LDOX*中ctg3056.g26143上调；*UFGT/3GT*中ctg1306.g11055、ctg2170.g19838和ctg2661.g23551均上调，ctg1210.g10432和ctg2055.g18534均下调，ctg1210.g10432在73DAF后几乎不表达；BR3 vs BR2中DEGs除了*C4L*中ctg3058.g26218和*UFGT/3GT*中ctg1306.g11055、ctg2170.g19838和ctg2661.g23551上调外，其他DEGs都下调，表明这个过程中类黄酮合成途径中早、中期相关结构基因表达开始大量下调表达，但花青素糖苷化仍在继续。

木奶果进入成熟期，BR4 vs BR3的DEGs中，*PAL*中ctg2456.g21765和ctg836.g07135均下调；*CHS*中ctg655.g05350上调，ctg3105.g26705下调；*F3'H*中ctg2495.g22288上调；*DFR*中ctg1578.g14126上调；*LAR*中ctg2548.g22735上调；*LDOX*中ctg438.g03741上调；*UFGT/3GT*中ctg2661.g23571和ctg2055.g18534均上调，ctg1306.g11055、ctg2170.g19838和ctg3000.g25733均下调；该过程中类黄酮合成途径的后期基因表达上调。

木奶果完全成熟时，BR5 vs BR4的DEGs中，*PAL*中ctg2456.g21765上调，ctg836.g07135下调；*UFGT/3GT*中ctg2055.g18534上调；成熟过程中类黄酮合成途径相关基因差异表达程度较低。

6.3.6.3 LR不同发育期中类黄酮代谢途径的基因表达分析

幼果期LR2 vs LR1的DEGs中，*PAL*中ctg836.g07135下调；*C4L*中ctg3058.g26218上调；*CHS*中ctg655.g05350下调；*CIII*中ctg965.g08335和ctg502.g04473均下调；*F3'5'H*中ctg3090.g26553、ctg1305.g11051、ctg2135.g19559、ctg2839.g24678和ctg17.g00099均上调；*F3'H*中ctg2495.g22288和ctg287.g02877均下调；*LAR*中ctg2548.g22735和ctg1760.g15871均下调；*ANR*中ctg1329.g11603上调，ctg2699.g23958下调；*UFGT/3GT*中ctg2661.g23571、ctg1496.g13357、ctg2440.g21453、ctg3000.g25733、ctg2661.g23551和ctg2055.g18534均下调，只有ctg1652.g14649上调；与BR不同，LR早期中表现了大量基因下调表达，推测LR果肉呈乳白色与其早期的类黄酮及花色苷合成途径中结构基因下调表达相关。

木奶果果实快速膨大期，LR3 vs LR2的DEGs中，*PAL*中ctg836.g07135下调；*CHS*中ctg655.g05350上调，ctg3105.g26705下调；*F3'5'H*中ctg17.g00099下调；*LAR*中ctg2548.g22735上调；*UFGT/3GT*中ctg1652.g14646、ctg1306.g11055和ctg2170.g19838均上调。

木奶果进入成熟期，LR4 vs LR3的DEGs中，*CHS*中ctg655.g05350上调、ctg3105.g26705下调；*F3'5'H*中ctg1305.g11051、ctg2135.g19559和ctg2839.g24678均下调；*LAR*中ctg2548.g22735上调；*UFGT/3GT*中ctg1306.g11055、ctg1210.g10432、ctg2170.g19838和ctg3000.g25733均下调；该过程中*F3'5'H*和*UFGT/3GT*中DEGs均表现下调，而*LAR*中ctg2548.g22735上调，导致花色苷途径减弱，其分支原花青素途径增强。

木奶果完全成熟时，LR5 vs LR4的DEGs中，*F3'5'H*中ctg1305.g11051和ctg2135.g19559均上调；成熟过程中与BR类似，差异表达程度较少。

6.3.7 可溶性糖和有机酸代谢途径基因表达式样分析

基于糖、酸代谢途径不断在不同植物果实中被研究（Ruan等，2010；Shangguan等，2015），本节研究对木奶果果肉发育中DEGs进行GO富集和KEGG富集分析，找到了糖、酸代谢途径中的结构基因及其在发育阶段的差异表达（图6-14），并构建了包含木奶果果肉发育阶段可溶性糖和有机酸代谢途径中各结构基因表达热图的通路图（图

6-13），共找到了79个糖酸代谢途径相关的结构基因，其中37个基因发生了差异表达，具体如下。

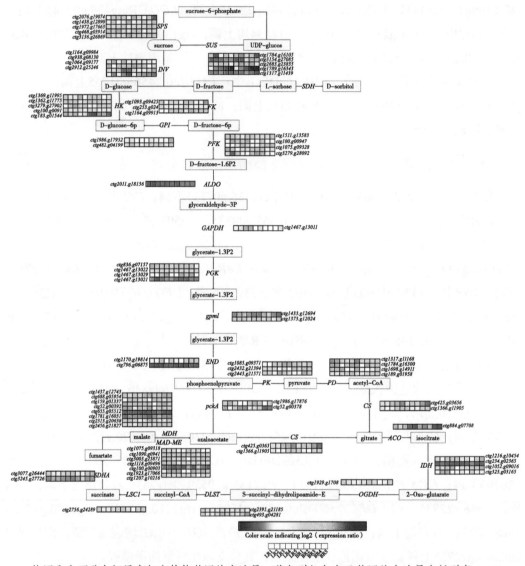

热图代表两种木奶果中相应结构基因的表达量，蓝色到红色表示基因的表达量由低到高。

The heatmap represents the expression of corresponding structural genes in two *Baccaurea ramiflora* Lour., and from blue to red indicates the expression levels of structural genes ranging from low to high in the heatmap.

图6-14 木奶果果肉发育过程中可溶性糖和有机酸代谢过程相关基因的表达水平

Fig. 6-14 Expression level of genes related to soluble sugar and organic acid metabolism pathway during pulp development in *Baccaurea ramiflora* Lour.

可溶性糖代谢途径中结构基因有*INV*[（转化酶基因，Invertase gene）（ctg1164. g09984、ctg938.g08130、ctg1064.g09177和ctg2912.g25246）]，*SUS*[（蔗糖合酶基因，

sucrose synthase gene）（ctg1784.g16105、ctg3154.g27085、ctg2683.g23835和ctg1317.g11439）]，*SPS*[（蔗糖磷酸合成酶基因，sucrose-phosphate synthase gene）（ctg2076.g19074、ctg1438.g12890、ctg1972.g17663、ctg468.g03914和ctg3136.g26869）]，*HK*[（己糖激酶基因，hexokinase gene）（ctg1369.g11995、ctg1362.g11775、ctg3279.g27902、ctg100.g00918、ctg183.g01544）]，*FK*[（果糖激酶基因，fructokinase gene）（ctg1093.g09429、ctg253.g02472和ctg1164.g09913）]，*GPI*[（葡萄糖-6-磷酸异构酶基因，glucose-6-phosphate isomerase gene）（ctg1986.g17952和ctg482.g04199）]，*FBP*[（果糖-1, 6-二磷酸酶I基因，fructose-1, 6-bisphosphatase I gene）（ctg1968.g17584和ctg2513.g22492）]，*PFK9*[（6-磷酸果糖激酶基因，6-phosphofructokinase gene）（ctg1511.g13583、ctg100.g00947、ctg1075.g09328、ctg1401.g12237和ctg3279.g28092）]，*ALDO*[（果糖-二磷酸醛缩酶基因，fructose-bisphosphate aldolase gene）（ctg2011.g18156）]。

再进入甘油醛代谢途径，其结构基因有*GAPDH*[（甘油醛-3-磷酸脱氢酶基因，glyceraldehyde 3-phosphate dehydrogenase gene）（ctg1467.g13011）]，*PGK*[（磷酸甘油酸激酶基因，phosphoglycerate kinase gene）（ctg836.g07157、ctg1467.g13022、ctg1467.g13029和ctg1467.g13021）]，*gpmI*[（磷酸甘油酸变位酶基因，Phosphoglycerate mutase gene）（ctg1433.g12694和ctg1373.g12024）]，*ENO*[（烯醇酶基因，enolase gene）（ctg2170.g19814和ctg796.g06875）]，*pckA*[（磷酸烯醇丙酮酸羧基酶基因，phosphoenolpyruvate carboxykinase（ATP）gene）（ctg1986.g17876和ctg52.g00378）]，*PK*[（丙酮酸激酶基因，pyruvate kinase gene）（ctg1085.g09371、ctg2432.g21394和ctg2443.g21571）]，*PD*[（丙酮酸脱氢酶基因，pyruvate dehydrogenase gene）（ctg1317.g11168、ctg1784.g16300、ctg1698.g14911和ctg189.g01958）]。

最后进入有机酸代谢途径，其结构基因有*CS*[（柠檬酸合酶基因，citrate synthase gene）（ctg425.g03656和ctg1366.g11905）]，*ACO*[（乌头酸水合酶基因，aconitate hydratase gene）（ctg884.g07708）]，*IDH*[（异柠檬酸脱氢酶基因，isocitrate dehydrogenase gene）（ctg1216.g10454、ctg234.g02365、ctg1052.g09016和ctg323.g03165）]，*OGDH*,*sucA*[（2-氧戊二酸脱氢酶E1基因，2-oxoglutarate dehydrogenase E1 component gene）（ctg2391.g21185和ctg493.g04281）]，*LSC1*[（琥珀酰辅酶A合成酶基因，succinyl-CoA synthetase alpha subunit gene）（ctg2756.g24289）]，*SDHA*, *SDH1*[（琥珀酸脱氢酶基因，succinate dehydrogenase（ubiquinone）flavoprotein subunit gene）（ctg3077.g26444和ctg3245.g27726）]，*fumA*, *fumB*[（延胡索酸水合酶基因，fumarate hydratase gene）（ctg1317.g11423）]，*MDH1*[（苹果酸脱氢酶基因，malate dehydrogenase gene）（ctg1437.g12743、ctg688.g05954、ctg159.g01337、ctg52.g00392、ctg655.g05512、ctg1781.g16031、ctg2313.g20638和ctg2456.g21827）]，*NADP-ME*[（NAD依赖型苹果

酸酶基因，NAD-dependent malic enzyme gene）（ctg1075.g09318、ctg1090.g09418、ctg3003.g25871、ctg1118.g09496、ctg100.g00903、ctg1923.g17066和ctg1207.g10216）]。

6.3.7.1　LR和BR同时期中糖酸代谢途径的结构基因分析

可溶性糖和有机酸代谢途径中，LR和BR同一时期的5个发育阶段中相比，木奶果果实第1个发育阶段的DEGs中（幼果期），糖代谢途径*HK*中ctg183.g01544上调，*PFK9*中ctg1401.g12237上调，促进葡萄糖转变为D-果糖-1, 6 P2；糖酵解过程*pckA*中ctg1986.g17876和ctg52.g00378均上调，*PK*中ctg2432.g21394下调；有机酸途径*IDH*中ctg1216.g10454下调。

木奶果果实第2个发育阶段的DEGs中（幼果期），糖代谢途径*INV*中ctg2912.g25246下调，*SPS*中ctg2076.g19074上调，*HK*中ctg3279.g27902下调、ctg183.g01544上调，*FK*中ctg1093.g09429上调，蔗糖合成增加，果糖被快速转变为D-果糖-1, 6 P2；糖酵解过程*PK*中ctg1085.g09371上调；有机酸途径*ACO*中ctg884.g07708下调，*IDH*中ctg1216.g10454下调，*MDH*中ctg1437.g12743下调，*NADP-ME*中ctg1118.g09496上调，ctg1437.g12743下调和ctg1118.g09496上调导致果肉有机酸含量增加。

木奶果果实第3个发育阶段的DEGs中，糖代谢途径*INV*中ctg1064.g09177上调，*SUS*中ctg3154.g27085上调，*SPS*中ctg468.g03914上调，*HK*中ctg183.g01544上调，LR中糖分快速积累；糖酵解过程*PFK9*中ctg1401.g12237上调；有机酸代谢*MDH*中ctg688.g05954上调，*NADP-ME*中ctg1923.g17066上调。

木奶果果实第4个发育阶段的DEGs中（成熟期），只有糖代谢途径*INV*中ctg1064.g09177上调，*HK*中ctg183.g01544上调。

木奶果果实第5个发育阶段的DEGs中（完全成熟期），糖代谢途径*INV*中ctg938.g08130下调、ctg1064.g09177上调，*HK*中ctg183.g01544上调，*FK*中ctg1093.g09429上调；糖酵解过程*pckA*中ctg1986.g17876上调，*PK*中ctg1085.g09371上调、ctg2432.g21394下调；有机酸途径*IDH*中ctg1216.g10454下调。

6.3.7.2　BR不同发育期中糖酸代谢途径的结构基因分析

BR中5个不同发育阶段的相比，幼果期BR2 vs BR1的DEGs中，只有糖代谢途径*SPS*中ctg2076.g19074上调，蔗糖积累增加。

木奶果果实快速膨大期，BR3 vs BR2的DEGs中，糖代谢途径*INV*中ctg938.g08130下调，*SUS*中ctg3154.g27085下调，*SPS*中ctg2076.g19074上调、ctg468.g03914下调，*FK*中ctg1093.g09429下调；糖酵解过程*FBP*中ctg2513.g22492下调，*pckA*中ctg1986.g17876上调；有机酸途径*IDH*中ctg1216.g10454和ctg1052.g09016均上调，*MDH*中ctg688.g05954下调，*NADP-ME*中ctg3003.g25871下调。

木奶果果实进入成熟期，BR4 vs BR3的DEGs中，糖代谢途径*INV*中ctg1064.g09177

上调，*HK*中ctg1369.g11995和ctg3279.g27902均上调、ctg1362.g11775下调；糖酵解过程*FBP*中ctg2513.g22492上调，*PFK9*中ctg1401.g12237上调，*ENO*中ctg796.g06875下调，*pckA*中ctg52.g00378下调；有机酸途径*ACO*中ctg884.g07708上调，*IDH*中ctg1216.g10454下调，*MDH*中ctg1437.g12743上调，柠檬酸和苹果酸被大量分解。

木奶果完全成熟时，BR5 vs BR4的DEGs中，糖代谢途径*INV*中ctg1064.g09177下调，*SUS*中ctg1784.g16105下调，*SPS*中ctg2076.g19074下调，蔗糖合成相关基因表达下调；糖酵解过程*PGK*中ctg836.g07157下调；最后有机酸代谢途径未见DEGs，表明成熟期后有机酸变化不显著，与代谢组分析一致。

6.3.7.3　LR不同发育期中糖酸代谢途径的结构基因分析

LR中5个不同发育阶段的相比，幼果期LR2 vs LR1的DEGs中，糖代谢途径*INV*中ctg1164.g09984和ctg2912.g25246均下调，*SUS*中ctg1784.g16105上调，*HK*中ctg183.g01544下调，*FK*中ctg1093.g09429上调；糖酵解过程*GPI*中ctg482.g04199上调，*ALDO*中ctg2011.g18156上调，*PGK*中ctg1467.g13021上调，*ENO*中ctg796.g06875上调，糖酵解过程中DEGs均上调，加快了有机酸代谢；有机酸途径*pckA*中ctg52.g00378下调，*NADP-ME*中ctg1075.g09318下调、ctg1118.g09496上调。

木奶果果实快速膨大期，LR3 vs LR2的DEGs中，糖代谢途径*INV*中ctg938.g08130下调、ctg1064.g09177上调，*SUS*中ctg2683.g23835上调，*HK*中ctg3279.g27902上调，*FK*中ctg1093.g09429下调；糖酵解过程*PFK9*中ctg1401.g12237上调，*ENO*中ctg2170.g19814下调；有机酸途径*pckA*中ctg1986.g17876上调，*IDH*中ctg1216.g10454和ctg1052.g09016均上调，*MDH*中ctg1437.g12743上调，有机酸合成相关基因均上调表达。

木奶果果实进入成熟期，LR4 vs LR3的DEGs中，糖代谢途径*INV*中ctg1064.g09177上调，*SPS*中ctg468.g03914下调；有机酸途径*ACO*中ctg884.g07708上调。

木奶果完全成熟时，LR5 vs LR4的DEGs中，只有糖代谢途径*SPS*中ctg3136.g26869上调；未见有机酸合成相关基因差异表达，该过程与BR类似。

表6-7　木奶果果肉可溶性糖和有机酸代谢途径中结构基因的差异表达
Table 6-7　DEGs involved in soluble sugar and organic acid metabolism pathway of *Baccaurea ramiflora* Lour. pulp

基因名 Gene name	基因ID Gene ID	LR中5个发育期 5 development stages in LR	BR中5个发育期 5 development stages in BR	LR与BR同一发育期 The same development stage in LR vs BR
INV	ctg1164.g09984	2-1 ↓	—	—
	ctg938.g08130	3-2 ↓	3-2 ↓	5 ↓
	ctg1064.g09177	3-2和4-3 ↑	4-3 ↑、5-4 ↓	3、4和5 ↑

（续表）

基因名 Gene name	基因ID Gene ID	LR中5个发育期 5 development stages in LR	BR中5个发育期 5 development stages in BR	LR与BR同一发育期 The same development stage in LR vs BR
	ctg2912.g25246	2-1↓、3-2↑	—	2↓
SUS	ctg1784.g16105	2-1↑、3-2↓	5-4↓	—
	ctg3154.g27085	—	3-2↓	3↑
	ctg2683.g23835	3-2↑、	—	—
SPS	ctg2076.g19074	—	2-1和3-2↑、5-4 下调	2↑
	ctg468.g03914	4-3↓	3-2↓	3↑
	ctg3136.g26869	5-4↑	—	—
HK	ctg1369.g11995	—	4-3↑	—
	ctg1362.g11775	—	4-3↓	—
	ctg3279.g27902	3-2↑	4-3↑	2↓
	ctg183.g01544	2-1↓、3-2↑	—	均↑
FK	ctg1093.g09429	2-1↑、3-2↓	3-2↓	2和5↑
GPI	ctg482.g04199	2-1↑	—	—
FBP	ctg2513.g22492	—	3-2↓、4-3↑	—
PFK9	ctg1401.g12237	3-2↑	4-3↑	1和3↑
ALDO	ctg2011.g18156	2-1↑	—	—
PGK	ctg836.g07157	—	5-4↓	—
	ctg1467.g13021	2-1↑、3-2↓	—	—
ENO	ctg2170.g19814	3-2↓	—	—
	ctg796.g06875	2-1↑	4-3↓	—
pckA	ctg1986.g17876	3-2↑	3-2↑、4-3↓	1和5↑
	ctg52.g00378	2-1↓	4-3↓	1↑
PK	ctg1085.g09371	—	—	2和5↑
	ctg2432.g21394	—	—	1和5↓
PD	ctg1698.g14911	3-2↓	—	—

基因名 Gene name	基因ID Gene ID	LR中5个发育期 5 development stages in LR	BR中5个发育期 5 development stages in BR	LR与BR同一发育期 The same development stage in LR vs BR
ACO	ctg884.g07708	4–3↑	4–3↑	2↓
IDH	ctg1216.g10454	3–2↑	3–2↑、4–3↓	1、2和5↓
	ctg1052.g09016	3–2↑	3–2↑	—
MDH	ctg1437.g12743	3–2和4–3↑	4–3↑	2↓
	ctg688.g05954	—	3–2↓	3↑
NADP-ME	ctg1075.g09318	2–1↓	—	—
	ctg3003.g25871	—	3–2↓	—
	ctg1118.g09496	2–1↑	—	2↑
	ctg1923.g17066	—	—	3↑

注："—"表示没有显著差异表达，"↓"代表下调，"↑"代表上调。

Notes: "—" indicates no significant difference expression, "↓" indicates down, "↑" indicates up.

6.3.8 转录因子分析

30个转录样本中鉴定到974个TFs（表6-8），分为82类。主要的TFs是MYB/MYB-related、NAC、bHLH、WRKY、C2H2和AP2/ERF-ERF。花色苷的生物合成中结构基因受到MBW（MYB-bHLH-WD40）复合物的转录调控，注释发现参与类黄酮和花色苷生物合成途径调控相关的转录因子有MYB（ctg100.g00957-0F、ctg1410.g12339-1F、ctg1554.g13859-0F、ctg1784.g16146-2F、ctg2470.g22007-0F、ctg2470.g22008-0F、ctg2470.g22009-0F、ctg842.g07305-0F、ctg911.g07979-0F、ctg1317.g11116-0F）、MYB-related（ctg1226.g10502-0F、ctg2353.g20962-0F），推测这12个MYB/MYB-related转录因子参与了木奶果果肉花色苷合成的调控。

表6-8　木奶果果肉发育过程中的TFs

Table 6-8　TFs of development stages in *Baccaurea ramiflora* Lour. fruit

类型 Type	数量 Number	类型 Type	数量 Number	类型 Type	数量 Number
Alfin-like	1	B3-ARF	7	C2C2-LSD	1
AP2/ERF-AP2	9	BES1	3	C2C2-YABBY	5
AP2/ERF-ERF	39	bHLH	65	C2H2	42

（续表）

类型 Type	数量 Number	类型 Type	数量 Number	类型 Type	数量 Number
AP2/ERF-RAV	1	bZIP	31	C3H	13
ARID	2	C2C2-CO-like	5	CAMTA	1
AUX/IAA	20	C2C2-Dof	15	CPP	6
B3	31	C2C2-GATA	16	CSD	3
DBB	1	GARP-G2-like	19	HB-KNOX	10
DBP	1	GNAT	15	HB-other	4
E2F-DP	5	GRAS	24	HB-PHD	2
EIL	1	GRF	10	HB-WOX	4
FAR1	2	HB-BELL	11	HMG	3
GARP-ARR-B	1	HB-HD-ZIP	27	HSF	10
Jumonji	3	NF-YB	6	SET	15
LFY	1	NF-YC	2	SNF2	11
LIM	1	NOZZLE	1	SRS	3
LOB	25	OFP	11	SWI/SNF-BAF60b	9
LUG	1	Others	34	TAZ	4
MADS-MIKC	26	PHD	16	TCP	11
MADS-M-type	12	PLATZ	9	Tify	8
MBF1	3	Pseudo ARR-B	2	TRAF	6
MED6	1	RB	2	Trihelix	11
mTERF	5	Rcd1-like	2	TUB	5
MYB	79	Rcd1-like	1	ULT	1
MYB-related	34	RWP-RK	5	WRKY	44
NAC	66	S1Fa-like	1	zf-HD	11
NF-X1	2	SAP	1		
NF-YA	6	SBP	11		

6.3.9　果实发育过程中DEGs的qRT-PCR验证

为了验证木奶果果肉转录组测序结果，选择了8个花色苷合成途径（*CHS*：ctg655.g05350、*CHI*：ctg965.g08335、*F3'5'H*：ctg2839.g24678和ctg2135.g19559、*UFGT*：ctg1923.g16986、*UFGT89B2*：ctg2170.g19838及*UFGT88F3*：ctg2661.g23571）、4个糖代谢途径（*STP12*：ctg655.g05676、*SUC2*：ctg2121.g19334、*ERDL4*：ctg2183.g19877及*ERDL7*：ctg3147.g26949）和7个转录因子（*MYB114-like*：ctg2697.g23883、*MYB61*：ctg1317.g11240、*MYB44*：ctg1022.g08648、*MYB4*：ctg1831.g16666、*bHLH35*：ctg144.g01204、*bHLH 93*：ctg1986.g17884及*bHLH94*：ctg1954.g17295）相关的DEGs进行qRT-PCR分析。如图6-15所示，DEGs在qPCR中的表达水平与RNA-seq数据的表达变化趋势相似，表明RNA-seq数据是可靠的，确保了转录组数据后期的DEGs分析及富集分析。

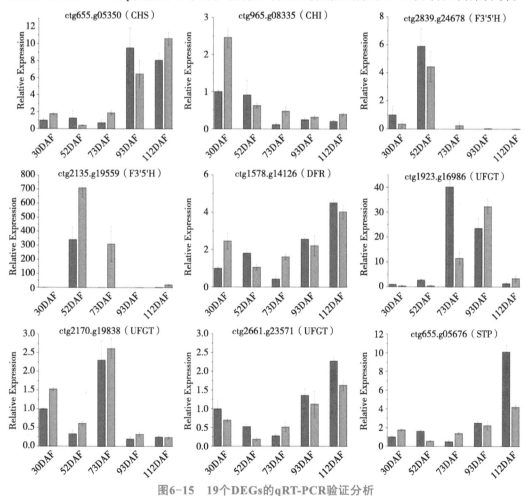

图6-15　19个DEGs的qRT-PCR验证分析

Fig. 6-15　qRT-PCR confirmatory analysis of 19 DEGs

红色代表BR，绿色代表LR。

Red represents BR and green represents LR.

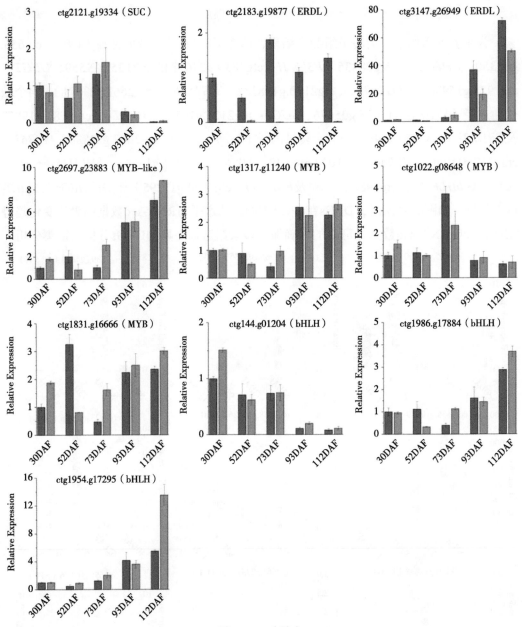

图6-15 （续）

6.4 木奶果果肉主要性状的差异表达基因

6.4.1 木奶果果实成熟发育过程中DEGs分析

LR发育过程中共8 203个DEGs，BR发育过程中共5 874个DEGs，LR的DEGs主要在前3个阶段，BR的DEGs在各发育期较均衡。LR vs BR同一发育期中的DEGs随着果实成熟越来越少，逐渐一致，93DAF降到495个DEGs，但最后112DAF完全成熟期急剧增加到2 523个DEGs，表明LR与BR木奶果在112DAF的DEGs对其果肉品质影响巨大。LR整个发育期中均DEGs有7个，分别是ctg188.g01584（putative lipid-transfer protein DIR1）、ctg1707.g15561（probable *O*-methyltransferase 3）、ctg482.g04198（deoxyuridine 5′-triphosphate nucleotidohydrolase）、ctg915.g08011（peroxidase 4）、ctg1707.g15559（*trans*-resveratrol di-*O*-methyltransferase）、ctg374.g03417（probable 3-hydroxyisobutyryl-CoA hydrolase 3）、ctg2048.g18389（serine carboxypeptidase-like 45），表明这7个基因在LR木奶果果实发育中具有重要作用。BR在整个发育期中的DEGs为31个，表明它们在BR果实发育期中具有重要的调控作用。LR和BR同一时期之间均表达的DEGs有141个，表明它们在LR与BR果肉品质差异形成过程中具有重要的调控作用。

6.4.2　木奶果果肉颜色相关的关键基因

植物类黄酮和花色苷生物合成途径是一个高度保守的途径（Petroni等，2011），主要受该途径的结构基因和转录因子调控。通过基因功能注释，并对差异表达基因的GO富集和KEGG通路富集分析，鉴定了类黄酮和花色苷合成途径的38个结构基因相关的DEGs，包含了基因*PAL*、*C4L*、*CHS*、*CHI*、*F3H*、*F3′H*、*F3′5′H*、*DFR*、*FLS*、*LAR*、*ANR*、*LDOX*和*UFGT*。*CHI*中ctg502.g04473表达量与柚皮素的含量一致，*FLS*中ctg1560.g13893表达量与槲皮素的含量一致，*LAR*中ctg1760.g15871表达量与(+)-儿茶素含量一致，*ANR*中ctg2699.g23958表达量与(-)-表儿茶素含量一致，推测这些基因是木奶果果肉着色的关键基因。结合代谢组分析，类黄酮物质的积累主要在前2个发育期；相对LR，BR果肉粉红色，表明BR前期积累了更多的类黄酮和花色苷。BR vs LR第1个发育期DEGs上调的是*F3′5′H*（ctg1305.g11051、ctg2839.g24678和ctg17.g00099）和*UFGT*（ctg1210.g10432）；前2个发育期DEGs均上调的是*C4L*（ctg836.g07174）、*F3H*（ctg1147.g09820）和*UFGT*（ctg1306.g11055）；表明这些基因参与了类黄酮和花色苷的合成。另外*F3′5′H*（ctg1305.g11051、ctg2839.g24678和ctg17.g00099）和*UFGT*（ctg1210.g10432）基因在BR木奶果的前2个发育期高表达，后3个发育期几乎不表达；在LR木奶果的前3个发育期高表达，后2个发育期几乎不表达；*F3H*（ctg1147.g09820）在BR整个发育期中都比LR的表达高，进一步推测它们是花色苷合成途径的关键基因，也是BR与LR果肉颜色差异形成的关键基因。基因功能注释未注释到*ANS*基因，但注释到了2个与*ANS*功能类似的*LDOX*（ctg438.g03741和ctg3056.g26143）基因。由于*ANR*在前期大量表达，远远高于UFGT的表达，更高效的竞争到底物花青素合成(-)-表儿茶素，导致花青素含量的快速降低，从而导致非靶代谢组分析里未检测到相关花青素。LR1

vs BR1发现*ANR*（ctg2699.g23958）的表达量更高，而*UFGT*（ctg1306.g11055和ctg1210.g10432）的表达量显著下降，能较好地解释BR果肉呈粉红色。(+)-儿茶素和(-)-表儿茶素聚合成PA，说明高表达的*LAR*（ctg2548.g22735）和*ANR*（ctg2699.g23958）是合成PA的关键基因。

花色苷合成途径中结构基因的表达受到转录因子的调控，转录因子与结构基因的启动子区域结合来直接调控目标基因的表达。参与调控的TFs主要是MYB、bHLH、和WD40三大类，它们以MBW复合体参与花色苷的合成调控（Xin等，2015）。注释发现参与类黄酮和花色苷生物合成途径调控相关的转录因子有MYB（ctg100.g00957-0F、ctg1410.g12339-1F、ctg1554.g13859-0F、ctg1784.g16146-2F、ctg2470.g22007-0F、ctg2470.g22008-0F、ctg2470.g22009-0F、ctg842.g07305-0F、ctg911.g07979-0F、ctg1317.g11116-0F），MYB-related（ctg1226.g10502-0F、ctg2353.g20962-0F），推测这12个MYB/MYB-related转录因子参与了木奶果果肉花色苷合成的调控。

6.4.3 木奶果果肉可溶性糖和有机酸代谢途径的关键基因

果实的糖酸代谢途径包含蔗糖的分解转化和有机酸的TCA循环，通过糖酵解途径串联起来（Kubo等，2002）。通过注释和富集，鉴定到了37个糖酸代谢途径相关的DEGs，包含了基因*INV*、*SUS*、*SPS*、*HK*、*FK*、*GPI*、*FBP*、*PFK9*、*ALDO*、*PGK*、*ENO*、*pckA*、*PK*、*PD*、*ACO*、*IDH*、*MDH*、*NADP-ME*。*INV*中ctg938.g08130表达量与D-葡萄糖含量一致，*SUS*中ctg1317.g11439和*SPS*中ctg1438.g12890的持续高表达与蔗糖积累逐渐增加相符，推测这些基因是木奶果果实发育过程中与糖代谢相关的关键基因。结合代谢组分析，完全成熟期LR5 vs BR5中的葡萄糖累积显著下降，LR5 vs BR5中合成葡萄糖的*INV*（ctg938.g08130）也是显著下调，进一步证明ctg938.g08130在木奶果果肉糖分积累起关键作用，是BR口味更甜的关键基因。*HK*（ctg183.g01544）在LR vs BR中均表现为显著上调，说明葡萄糖在LR木奶果的发育过程中消耗更多，与最后BR果肉中葡萄糖含量显著增加相符合，说明ctg183.g01544是糖代谢中的关键基因。

有机酸代谢途径中CS（ctg425.g03656和ctg1366.g11905）都持续高表达，代谢组分析中柠檬酸在93DAF开始急剧下降，表明柠檬酸在成熟期过程分解更多。LR vs BR中*ACO*（ctg884.g07708）在果实进入成熟期时开始大量表达，且BR中表达更多（不显著），与代谢组柠檬酸含量积累相一致，*IDH*（ctg234.g02365）持续高表达与降低柠檬酸含量相关；另LR vs BR中*IDH*（ctg1216.g10454）在30DAF、52DAF和112DAF中都呈显著下调，与柠檬酸的含量相符合，表明这3个基因与有机酸代谢相关。代谢组分析中只检测到柠檬酸，未检测到苹果酸，可能与*MDH*（ctg655.g05512和ctg1781.g16031）及*NADP-ME*（ctg100.g00903和ctg1207.g10216）的持续高表达相关，它们的高表达导致苹果酸快速地降解，推测这些基因在木奶果有机酸途径的TCA循环发挥了重要作用。整个发育阶段LR vs BR都没有差异，与转录组数据中TCA循环中各基因同一发育期的表达基本一致，也证实了本节研究RNA-seq技术的可靠性。

第 7 章

结论与展望

7.1 本书主要结论

7.1.1 木奶果群落和幼苗光适应分析

谢鞋山和停扣山木奶果生长的群落植物区系以泛热带分布为主，具有裸子植物和中国特有分布科属较少、单种和寡种科属较多、乔灌草物种丰富度依次降低的特征。谢鞋山木奶果生长群落以阳生性树种为主，处于南亚热带常绿阔叶林演替的第4阶段；停扣山木奶果生长群落以中生性树种为主，处于南亚热带常绿阔叶林演替的第5阶段。在自然演替过程中，木奶果种群能实现自我更新。

木奶果在由幼龄成长至老龄过程中，阳生特征越来越明显，尤其是在幼苗发展成幼树阶段，适应强光能力显著提升。其中，谢鞋山木奶果的阳生特征比停扣山木奶果显著，可能与两地木奶果生长群落所处不同演替阶段造成的光环境差异有关。木奶果对于光环境的适应性具有一定特殊性，其幼苗期具有阴生植物的特征。强光或重度遮阴均会抑制木奶果幼苗的生长，其生长的适宜遮阴范围在4针（69.2%遮光率）到6针（80.0%遮光率）之间。其中，停扣山种源木奶果幼苗比谢鞋山种源更耐阴，反映了不同演替阶段种源地的长期光强环境差异的影响。

7.1.2 木奶果基因组分析

本书首先通过K-mer分析法对木奶果基因组进行评估，结果显示基因组估计为973 Mb，杂合度为0.634%，杂合度较高。结合木奶果基因组的特点，通过三代Pac Bio SMRT技术，结合二代测序数据进行组装的策略，最终组装的木奶果基因组大小约为975.8 Mb，Contig N50约为509.33 Kb，Contig Max约达7.74 Mb，测序深度为60 X。木奶果基因组中重复序列占比达到73.47%，表明高度重复；表明木奶果属于高杂合且高度重复的复杂基因组。共预测到29 172个蛋白编码基因，其中25 980个可被注释，占

89.06%；共发现了3 452个非编码RNA，主要是snRNA、rRNA和tRNA，分别为1 981个、674个和526个。

利用全基因组范围单拷贝基因构建的系统发育树表明，木奶果与大戟科的亲缘关系较近，互为姊妹群；木奶果与大戟科物种的分化时间约为59.9 Mya（50.4～75.2 Mya）。木奶果在进化过程中173个基因家族发生扩张，22个基因家族进行了收缩；木奶果与大戟科4个物种相比只有9个基因家族进行了收缩，未见扩张，表明与大戟科分化之后，木奶果的祖先进化较为保守，未发生较大的基因家族拷贝数目变化。Ks和4DTv的分析在木奶果基因组中只检测了1次WGD事件的信号，推测是远古全基因组三倍化γ事件在木奶果基因组留下的遗迹。

7.1.3　木奶果果肉代谢组分析

木奶果果肉非靶代谢组分析共鉴定出541个代谢物，初级代谢物12种碳水化合物、3种有机酸、7种氨基酸及其8种衍生物、2种维生素、41种脂肪酸及次级代谢物42种类黄酮、8种酚、6种酚酸、26种苯丙烷、4种类固醇及其5种衍生物、75种萜类。

完全成熟期木奶果果肉中糖分主要以L-山梨糖、D-(+)-葡萄糖、Bis（methylbenzylidene）sorbitol和蔗糖为主，只有D-(+)-葡萄糖在LR vs BR中的浓度明显较低，表明D-(+)-葡萄糖对木奶果果实口味影响较大；有机酸以柠檬酸为主，无显著差异。BR的糖酸比高于LR，能解释BR的口感更甜。LR5 vs BR5中4种脂肪酸均显著上调，推测二十碳五烯酸、乙酸金合欢酯、羊角脂肪酸F和茉莉酸的增加降低了木奶果果肉口感。LR5 vs BR5中酚类没食子酸月桂酯上调，影响LR的口感，进一步解释了LR不比BR美味可口。

木奶果果肉富含类黄酮和花色苷合成途径的代谢物9种，分别是柚皮苷查尔酮、柚皮素、圣草酚、二氢槲皮素、山柰酚、槲皮素、原花青素B₁、(+)儿茶素和(-)-表儿茶素，类黄酮和花色苷的合成主要是在幼果期。二氢槲皮素是矢车菊素合成的上游物质，丰富的原花青素B₁、(+)-儿茶素和(-)-表儿茶素是矢车菊素合成途径的分支，且并未发现其他花色苷合成途径的分支和相关代谢物；推测木奶果内果皮粉红色是由矢车菊素决定的。类黄酮物质的积累主要在前2个发育期；相对LR，BR果肉呈现粉红色，可能是由于前期积累了更多的矢车菊色苷造成的。

7.1.4　木奶果果肉转录组分析

对LR和BR两种木奶果的不同发育期转录组数据进行比较，发现LR中有7个DEGs出现在整个发育期中，BR中有31个DEGs出现在整个发育期中，表明这些DEGs在木奶果果实发育过程中具有重要的调控作用。LR和BR同一时期均表达的DEGs有141个，表明

它们在LR与BR果肉品质差异形成过程中具有重要的调控作用。

木奶果果肉类黄酮和花色苷合成途径中，鉴定到38个结构基因相关的DEGs，发现*CHI*（ctg502.g04473）、*FLS*（ctg1560.g13893）、*C4L*（ctg836.g07174）、*F3H*（ctg1147.g09820）、*F3′5′H*（ctg1305.g11051、ctg2839.g24678和ctg17.g00099）及*UFGT*（ctg1210.g10432和ctg1306.g11055）是木奶果果肉花色苷合成的关键基因；其中*F3′5′H*（ctg1305.g11051、ctg2839.g24678和ctg17.g00099）和*UFGT*（ctg1210.g10432）是BR与LR果肉颜色差异形成的关键基因。KEGG通路富集发现(+)-儿茶素和(-)-表儿茶素聚合成PA，证明*LAR*（ctg1760.g15871）和*ANR*（ctg2699.g23958）是合成PA的关键基因。基因功能注释发现了12个转录因子具有花色苷生物合成的调控作用，包括MYB（ctg100.g00957-0F、ctg1410.g12339-1F、ctg1554.g13859-0F、ctg1784.g16146-2F、ctg2470.g22007-0F、ctg2470.g22008-0F、ctg2470.g22009-0F、ctg842.g07305-0F、ctg911.g07979-0F、ctg1317.g11116-0F）和MYB-related（ctg1226.g10502-0F、ctg2353.g20962-0F）。

木奶果果肉糖酸代谢途径中，鉴定到了37个糖酸代谢途径相关的DEGs。糖代谢中，*INV*（ctg938.g08130）、*SUS*（ctg1317.g11439）、*SPS*（ctg1438.g12890）和*HK*（ctg183.g01544）是木奶果果肉糖代谢过程的关键基因，与可溶性糖的积累和代谢相关。有机酸代谢中，*CS*（ctg425.g03656和ctg1366.g11905）的表达不断增加柠檬酸的积累；*ACO*（ctg884.g07708）和*IDH*（ctg234.g02365和ctg1216.g10454）是柠檬酸降解的关键基因；*MDH*（ctg655.g05512和ctg1781.g16031）及*NADP-ME*（ctg100.g00903和ctg1207.g10216）是苹果酸快速降解的关键基因。

7.2 创新点

第一，木奶果具有从幼苗期的阴生转为成年期的阳生特征，目前国内外对于这类具有特殊光适应性植物的研究还相对贫乏。本书利用木奶果幼苗的遮阴试验结合野生木奶果的调查，综合分析此类植物在幼苗生长和野外自然更新过程的光适应特点，在一定程度上弥补了对不同生长期具有特殊光适应性植物的认识不足。

第二，首次对叶下珠科植物进行了基因组测序，并获得高质量木奶果基因组，可以为叶下珠科的研究提供分子资料。

第三，以半野生木奶果LR（果肉乳白色、味较酸甜）和BR（果肉粉红色、味较甜）作为研究材料，这些特异性状对研究木奶果果实口感、颜色具有重要意义。基于全基因组测序，多组学相结合的方法研究木奶果果肉成熟发育过程中各代谢物（可溶性糖、有机酸和类黄酮等）的成分及含量变化，鉴定出了木奶果果肉花色苷合成的关键基因是4个，且它们是BR与LR果肉颜色差异形成的关键基因；鉴定了木奶果果肉糖代谢过程的关键基因4个；柠檬酸代谢关键基因5个以及苹果酸快速降解关键基因4个。这些基因的鉴定，分别为*F3'5'H*（ctg1305.g11051、ctg2839.g24678和ctg17.g00099）和*UFGT*（ctg1210.g10432）；*INV*（ctg938.g08130）、*SUS*（ctg1317.g11439）、*SPS*（ctg1438.g12890）和*HK*（ctg183.g01544）；*CS*（ctg425.g03656和ctg1366.g11905）、*ACO*（ctg884.g07708）、*IDH*（ctg234.g02365和ctg1216.g10454）、*MDH*（ctg655.g05512和ctg1781.g16031）和*NADP-ME*（ctg100.g00903和ctg1207.g10216）。

7.3 展望

7.3.1 木奶果群落和幼苗光适应的研究展望

由于木奶果在宏观生态学方面研究文献的缺乏，野外木奶果种群资源的寻找非常困难，受研究时间和研究条件的限制，本书的木奶果生长的群落特征研究仅针对演替中后期的谢鞋山与停扣山两地的木奶果群落，因此，群落特征的研究结果具有一定的局限性。本书中，木奶果幼苗的遮阴培养时间仅为半年，由于遮阴时间较短，部分指标在处理间的差异可能还不能够达到显著水平。今后应适当延长木奶果幼苗的遮阴培养时间，更充分反映遮阴对木奶果生长的影响。

7.3.2 基于木奶果基因组的果肉颜色和口味形成机制研究展望

木奶果是一种野生或半栽培的树种，集食用、观赏和药用于一体的野生果树。为了研究木奶果的果肉性状，本书以木奶果的2个广西地方品系（LR和BR）为材料，基于全基因组测序，结合转录组和代谢组研究，从分子水平阐明木奶果果肉颜色和口味差异形成的分子机制。非靶代谢组明确了木奶果果肉的营养成分，RNA-seq技术筛选了果实发育过程中的DEGs，通过GO富集和KEGG通路富集筛选到了参与花色苷合成和糖酸代谢途径的关键基因。

木奶果作为果用树种资源，研究中获得了木奶果高质量的基因组，并揭示了木奶果果肉颜色和口味的形成机制。为了进一步加快木奶果变成商品化水果，仍需更全面地了解其基因组结构和功能。

木奶果农艺性状相关基因的挖掘，对未来木奶果分子育种、筛选优良品种至关重要。因此，不断搜集木奶果种质资源，通过重测序了解不同种源木奶果的遗传变异及野生和栽培木奶果基因组之间的变化，找到木奶果农艺性状相关的关键基因具有重要意义。为推动木奶果作为观赏和果食两用的优良树种，利用木奶果遗传多样性丰富特性，对果皮颜色多样（红色、粉红色、紫色、绿色、黄色和白色）、果肉颜色多样（乳白色、紫色和粉红色）和果味多样性等形成机制进行深入研究。

　　为明确了解LR和BR果肉性状的关键基因，下一步对花色苷合成途径的结构基因*CHI*（ctg502.g04473）、*FLS*（ctg1560.g13893）、*C4L*（ctg836.g07174）、*F3H*（ctg1147.g09820）、*F3′5′H*（ctg1305.g11051、ctg2839.g24678和ctg17.g00099）和*UFGT*（ctg1210.g10432和ctg1306.g11055）及糖酸代谢途径相关基因*INV*（ctg938.g08130）、*SUS*（ctg1317.g11439）、*SPS*（ctg1438.g12890）和*HK*（ctg183.g01544）、*CS*（ctg425.g03656和ctg1366.g11905）、*ACO*（ctg884.g07708）和*IDH*（ctg234.g02365和ctg1216.g10454）、*MDH*（ctg655.g05512和ctg1781.g16031）和*NADP-ME*（ctg100.g00903和ctg1207.g10216）进行基因功能验证，包括RNA干扰技术、基因敲除技术、酵母双杂交技术等；不断丰富与阐明植物中花色苷累积的形成机制和糖酸代谢过程。

参考文献

陈建勋，王晓峰，2006. 植物生理学实验指导[M]. 广州：华南理工大学出版社.

陈杰，韩维栋，莫定鸣，等，2015. 野生土坛树种群遗传多样性的SRAP分析 [J]. 广东农业科学，42（10）：127-132.

陈秀华，2007. 探究阴生植物对遮光环境的适应机制[J]. 生物学通报（5）：42-43.

陈雅楠，尚云涛，范宝莉，等，2020. 适用于转录组测序的大蒜花器官总RNA的提取方法 [J]. 天津师范大学学报（自然科学版），40（1）：34-39.

储钟稀，许春辉，毛大璋，等，1980. 植物叶绿素-蛋白质复合物的研究：Ⅰ. 阳生植物向日葵、阴生植物叶兰的叶绿素-蛋白质复合物[J]. 植物生理学报（2）：163-172.

代大川，胡红玲，陈洪，等，2020. 遮阴对桢楠幼苗生长和光合生理特性的影响[J]. 西北农林科技大学学报（自然科学版），48（4）：56-64，74.

范玮熠，王孝安，郭华，等，2014. 陕西子午岭森林群落的物种多样性研究[J]. 陕西师范大学学报（自然科学版），42（3）：59-66.

宫珂，靳瑰丽，岳永寰，等，2019. 天山北坡野生无芒雀麦群落特征研究[J]. 新疆农业科学，56（3）：560-569.

关军锋，2001. 果品品质研究 [M]. 石家庄：河北科学技术出版社：11-15.

广东三岭山森林公园管理处，2013. 三岭山国家森林公园可行性研究报告[EB/OL].（2005-07-30）［2013-05-13］. http://www. docin. com/p-403828259. html.

韩路，陈家力，王家强，等，2019. 塔河源荒漠河岸林群落物种组成、结构与植物区系特征[J]. 植物科学学报，37（3）：324-336.

韩维栋，黄剑坚，2017. 基于植物区系的雷州半岛天然林群落树种特征研究[J]. 生态学报，37（24）：8 537-8 548.

郝占庆，于德永，吴钢，等，2001. 长白山北坡植物群落β多样性分析[J]. 生态学报（12）：2 018—2 022.

胡建香，肖春芬，郑玲丽，2003. 野生果树：木奶果[J]. 中国南方果树，32（4）：49.

黄秋婵，韦友欢，2009. 阳生植物和阴生植物叶绿素含量的比较分析[J]. 湖北农业科学，48（8）：1 923-1 924，1 929.

姬红利，詹选怀，张丽，等，2019. 幕阜山脉石松类和蕨类植物多样性及生物地理学特征[J]. 生物多样性，27（11）：1 251-1 259.

姜春明，尹燕枰，刘霞，等，2007. 不同耐热性小麦品种旗叶膜脂过氧化和保护酶活性对花后高温胁迫的响应[J]. 作物学报（1）：143-148.

靳鹏博，2017. 遮阴对丹参生长和次生代谢物含量的影响[D]. 杨凌：西北农林科技大学.

李峰卿，姚甲宝，曾平生，2017. 光照强度和容器规格对纳塔栎1年生容器苗生长的影响[J]. 华南农业大学学报，38（3）：87-92.

李韦柳，唐秀桦，韦民政，等，2017. 遮阴对淀粉型甘薯生长发育及生理特性的影响[J]. 热带作物学报，38（2）：258-263.

李文砚，韦持章，孔方南，等，2015. 蒽酮法测定木奶果果实中可溶性糖含量的研究[J]. 中国园艺文摘（12）：7-8.

李忠光，龚明，2014. 植物生理学综合性和设计性实验教程[M]. 武汉：华中科技大学出版社.

廉敏，铁军，2020. 山西陵川南方红豆杉自然保护区鹅耳枥植物群落谱系结构特征[J]. 生态学报，40（7）：2 267-2 276.

林书生，罗志文，2013. 木奶果栽培现状及发展对策[J]. 中国热带农业（5）：46-47.

林艳芳，依专，赵成红，2003. 中国傣医药彩色图谱[M]. 昆明：云南民族出版社：380.

刘建锋，杨文娟，江泽平，等，2011. 遮荫对濒危植物崖柏光合作用和叶绿素荧光参数的影响[J]. 生态学报，31（20）：5 999-6 004.

刘延泽，陈士林，马培，等，2012. 中草药中发现新抗癌药物的途径[J]. 现代药物与临床，27（4）：323-327.

刘峰，张婷，岳婉婷，等，2014. 遮阴对海姆维斯蒂枸子叶片生理生化特性的影响[J]. 湖北农业科学，53（21）：5 184-5 186.

柳延虎，王璐，于黎，2015. 单分子实时测序技术的原理与应用[J]. 遗传，37（3）：259-268.

龙婷，陈杰，杨蓝，等，2020. 极小种群东北红豆杉所在群落特征及其环境解释[J]. 植物科学学报，38（1）：77-87.

路信，罗银玲，王一帆，等，2010. 不同脱水速率对木奶果种子脱水敏感性及抗氧化酶活性的影响[J]. 云南植物研究，32（4）：361-366.

罗浩城，黄剑坚，陈杰，2017. 野生木奶果的开发利用研究进展[J]. 热带林业，45（4）：50-52.

罗培四，周婧，陈明侃，等，2014. 广西木奶果种质资源调查与优良单株选择[J]. 中国南方果树，43（6）：82-83，86.

罗培四，2017. 广西木奶果种质资源调查、亲缘关系分析及繁育技术研究[D]. 南宁：广西大学.

马天光，李向义，林丽莎，等，2018. 遮阴对骆驼刺叶性状和水分生理的影响[J]. 生态学报，38（23）：8 466-8 474.

毛培利，2007. 海南岛热带山地雨林不同演替阶段植物功能群光生态适应性研究[D]. 北京：中国林业科学研究院.

乜兰春，孙建设，李明，2003. 酚类物质与果蔬品质研究进展[J]. 中国食品学报，3（4）：93-98.

宁德生，吴云飞，吕仕洪，2014. 木奶果茎叶的化学成分研究[J]. 广西植物，34（2）：160-162.

彭朝忠，段立胜，李学兰，2005. 傣族民间解毒药物收集[J]. 中国民族医药杂志（2）：16.

彭华，杨湘云，李晓明，等，2019. 浙江海岛常绿阔叶林特征及其主要植物区系分析[J]. 植物科学学报，37（5）：576-582.

彭少麟，陈章和，1983. 广东亚热带森林群落物种多样性[J]. 生态科学，2：98-104.

彭少麟，方炜，任海，等，1998. 鼎湖山厚壳桂群落演替过程的组成和结构动态[J]. 植物生态学报，3：54-58.

彭少麟，周厚诚，陈天杏，等，1989. 广东森林群落的组成结构数量特征[J]. 植物生态学与地植物学学报，1：10-17.

钱龙梁，薛源，曹福亮，等，2018. 生物遮阴对银杏幼苗生长的影响[J]. 中南林业科技大学学报，38（10）：21-26.

任海，彭少麟，1999. 鼎湖山森林生态系统演替过程中的能量生态特征[J]. 生态学报，6：817-822.

邵世光，1992. 阳生植物和阴生植物[J]. 生物学教学，2：28-29.

申文辉，谭长强，何琴飞，等，2016. 桂西南蚬木优势群落物种组成及多样性特征[J]. 生态学杂志，35（5）：1 204-1 211.

施海涛，2016. 植物逆境生理学实验指导[M]. 北京：科学出版社.

宋永昌，达良俊，杨永川，2004. 浙江天童国家森林公园常绿阔叶林主要组成种的种群结构及更新类型[J]. 植物生态学报，28（3）：376-384.

苏慧敏，何丙辉，蔡兴华，等，2011. 水分胁迫对太阳扇扦插苗形态和生理特征的影响[J]. 生态学杂志，30（10）：2 185-2 190.

苏州科铭生物技术有限公司，2014. 过氧化氢酶（Catalase，CAT）试剂盒说明书[EB/OL].〔2014-01-21〕. http://www.docin.com/p-757328873.html.

孙帅，张小晶，刘金平，等，2018. 遮阴和干旱对苇草生理代谢及抗性系统影响的协同作用[J]. 生态学报，38（5）：1 770-1 779.

唐钢梁，李向义，林丽莎，等，2013. 骆驼刺在不同遮阴下的水分状况变化及其生理响应[J]. 植物生态学报，37（4）：354-364.

唐志尧，刘鸿雁，2019. 华北地区植物群落的分布格局及构建机制[J]. 植物生态学报，43（9）：729-731.

汪殿蓓，暨淑仪，陈飞鹏，等，2003. 深圳南山区天然森林群落多样性及演替现状[J]. 生态学报（7）：1 415-1 422.

汪源，陈其兵，鞠波，2005. 浅谈滨水植物及其在园林中的应用[J]. 西华师范大学学报（自然科学版），4：436-439.

王海杰，邢诒强，林盛，等，2013. 木奶果资源的研究应用[J]. 现代农业科技（21）：122-123.

王荷生，张镱锂，1994. 中国种子植物特有属的生物多样性的特征[J]. 植物分类与资源学报，16（3）：209-220.

王娟，2015. 淹水对牡丹生理特性的影响[J]. 生态学杂志，34（12）：3 341-3 347.

王丽芳，吴东梅，陆静梅，2014. 阴生与阳生植物形态结构差异分析[J]. 吉林农业，12：18.

王琦，2012. 湖北恩施桢楠群落特征研究[D]. 杭州：浙江农林大学.

王遂，2019. 白桦全基因组测序及分析 [D]. 哈尔滨：东北林业大学.

王艺，韦小丽，2010. 不同光照对植物生长、生理生化和形态结构影响的研究进展[J]. 山地农业生物学报，29（4）：353-359，370.

魏跟东，2007. C3植物、C4植物和阳生植物、阴生植物比较[J]. 生物学教学，8：69.

文丽，宋同清，杜虎，等，2015. 中国西南喀斯特植物群落演替特征及驱动机制[J]. 生态学报，35（17）：5 822-5 833.

乌云塔娜，杜红岩，李芳东，等，2014. 杜仲全基因组测序重要研究成果[M]. 北京：社会科学文献出版社：3.

吴芹，张光灿，裴斌，等，2013. 3个树种对不同程度土壤干旱的生理生化响应[J]. 生态学报，33（12）：3 648-3 656.

吴望辉，2011. 广西弄岗国家级自然保护区植物区系地理学研究[D]. 桂林：广西师范大学.

吴征镒，2003. 《世界种子植物科的分布区类型系统》的修订[J]. 云南植物研究，5：535-538.

吴征镒，1979. 论中国植物区系的分区问题[J]. 云南植物研究，1：1-20.

吴征镒，1991. 中国种子植物属的分布区类型[J]. 植物资源与环境学报，13（S4）：1-3.

谢春平，方彦，伊贤贵，等，2011. 宝华山野生早樱群落特征的初步研究[J]. 广东农业科学，38（3）：56-59.

徐畅，齐烟舟，徐进，2011. 百花山地区植物群落物种多样性分析[J]. 北方环境，23（11）：222-254.

徐大鹏，吕艳丽，兰长林，2013. 不同光照强度对植物发育形态影响的研究概述[J]. 中国科技纵横，8：31-32.

徐静，林强，梁振益，等，2007. 木奶果根、叶、果实中挥发油化学成分的对比研究[J]. 食品科学，28（11）：439-442.

徐颂军，卓正大，1994. 广东罗浮山与其邻近地区植物区系的比较分析[J]. 热带地理，3：225-234.

许涵，李意德，林明献，等，2015. 海南尖峰岭热带山地雨林60ha动态监测样地群落结构特征[J]. 生物多样性，23（2）：192-201.

杨柳，何正军，赵文吉，等，2017. 狭叶红景天幼苗对水分及遮阴的生长及生理生化响应[J]. 生态学报，37（14）：4 706-4 714.

杨同辉，达良俊，宋永昌，等，2005. 浙江天童国家森林公园常绿阔叶林生物量研究（Ⅰ）群落结构及主要组成树种生物量特征[J]. 浙江林学院学报，4：363-369.

杨献文，2006. 达仑木和木奶果的化学成分及其脑保护活性研究[D]. 昆明：中国科学院昆明植物研究所.

杨亚男，潘远智，齐豫川，等，2017. 遮阴对四季桂生理生态特性的影响[J]. 热带亚热带植物学报，25（1）：57-64.

杨悦，杜欣军，梁彬，等，2015. 第三代DNA测序及其相关生物信息学技术发展概况[J]. 食品研究与开发，36（10）：143-147.

杨志强，韦持章，周婧，等，2014. 广西木奶果发展前景及对策[J]. 中国园艺文摘，30（12）：59.

叶万辉，曹洪麟，黄忠良，等，2008. 鼎湖山南亚热带常绿阔叶林20公顷样地群落特征研究[J]. 植物生态学报，32（2）：274-286.

游水生，李福银，何育城，等，1996. 福建武平米槠林区系和物种多样性的研究[J]. 福建林学院学报（2）：119-121.

袁金凤，胡仁勇，慎佳泓，等，2011. 4种不同演替阶段森林群落物种组成和多样性的比较研究[J]. 植物研究，31（1）：61-66.

张吉顺，张孝廉，王仁刚，等，2016. 环境胁迫影响植物开花的分子机制[J]. 浙江大学学报（农业与生命科学版），42（3）：289-305.

张家城，陈力，2000. 亚热带多优势种森林群落演替现状评判研究[J]. 林业科学，36（2）：116-121.

张明锦，胡相伟，徐睿，等，2015. 水分胁迫及施肥对巨能草（*Puelia sinese* Roxb）生

理生化特性的影响[J]. 干旱区资源与环境，29（9）：97-101.

张容鹄，夏义杰，窦志浩，等，2016. 木奶果果皮多酚提取工艺优化及其体外抗氧化活性研究 [J]. 热带作物学报，37（5）：1 009-1 016.

张上隆，陈昆松，2007. 果实品质形成与调控的分子生理[M]. 北京：中国农业出版社.

张振英，2012. 遮阴和施肥对黄山花楸幼苗生长及生理的影响[D]. 南京：南京林业大学.

赵丽娟，项文化，李家湘，等，2013. 中亚热带石栎-青冈群落物种组成、结构及区系特征[J]. 林业科学，49（12）：10-17.

赵娜，鲁绍伟，李少宁，等，2018. 北京松山自然保护区典型植物群落物种多样性研究[J]. 西北植物学报，38（11）：2 120-2 128.

赵轶鹏，赵新勇，2018. 植物体可溶性糖测定方法的优化[J]. 安徽农业科学，46（4）：184-185.

郑丽静，聂继云，闫震，2015. 糖酸组分及其对水果风味的影响研究进展 [J]. 果树学报，32（2）：304-312.

朱锦懋，姜志林，郑群瑞，等，1997. 福建万木林自然保护区森林群落物种多样性[J]. 生态学杂志，2：2-7.

曾汉元，2002. 中国重点保护蕨类植物研究进展[J]. 生物学通报，7：14-17.

ABRAHAMS S，LEE E，WALKER A R，et al.，2003. The Arabidopsis TDS4 gene encodes leucoanthocyanidin dioxygenase（LDOX）and is essential for proanthocyanidin synthesis and vacuole development [J]. The Plant Journal，35（5）：624-636.

ALEXA A，RAHNENFUHRER J，2010. TopGO：enrichment analysis for Gene Ontology [J]. R package version，2（0）：45.

AL-MASUD K N，RUNA M M，HASAN R，et al.，2018. Study of cytotoxic and thrombolytic activity of Baccaurea ramifora in diferent extracts [J]. Pharmaceutical Innovation，7（10）：271-274.

ANDERS S，PYL P T，HUBER W，2015. HTSeq-a Python framework to work with high-throughput sequencing data [J]. Bioinformatics，31（2）：166-169.

AVERTI I S，JEAN-MARIE M，KOUBOUANA FÉLIX，et al.，2016. Tree species diversity，richness，and similarity in intact and degraded forest in the tropical rainforest of the congo basin：case of the forest of likouala in the republic of congo[J]. International Journal of Forestry Research，2016（1）：1-12.

BAI L，CHEN Q，JIANG L. et al.，2019. Comparative transcriptome analysis uncovers the regulatory functions of long noncoding RNAs in fruit development and color changes of *Fragaria pentaphylla* [J]. Horticulture Research，6：42.

BAI S L, TAO R Y, YIN L, et al., 2019. Two B-box proteins, PpBBX18 and PpBBX21, antagonistically regulate anthocyanin biosynthesis via competitive association with *Pyrus pyrifolia* ELONGATED HYPOCOTYL 5 in the peel of pear fruit [J]. The Plant Journal, 100（6）: 1 208-1 223.

BAI S, SAITO T, HONDA C, et al., 2014. An apple B-box protein, MdCOL11, is involved in UV-B and temperature-induced anthocyanin biosynthesis [J]. Planta, 240（5）: 1 051-1 062.

BAIG M J, ANAND A, MANDAL P K, et al., 2005. Irradiance influences contents of photosynthetic pigments and proteins in tropical grasses and legumes[J]. Photosynthetica, 43（1）: 47-53.

BAN S, XU K, 2020. Identification of two QTLs associated with high fruit acidity in apple using pooled genome sequencing analysis [J]. Horticulture Research, 7（1）: 171.

BARKER M, RAYENS W, 2003. Partial least squares for discrimination [J]. Journal of Chemometrics, 17（3）: 166-173.

BARNA M, BOSELA M, 2015. Tree species diversity change in natural regeneration of a beech forest under different management[J]. Forest Ecology & Management, 342: 93-102.

BASUMATARY A, MIDDHA S K, USHA T, et al., 2017. Bamboo shoots as a nutritive boon for Northeast India: an overview [J]. 3 Biotech, 7（3）: 169.

BAUDRY A, HEIM M A, DUBREUCQ B, et al., 2004. TT2, TT8, and TTG1 synergistically specify the expression of BANYULS and proanthocyanidin biosynthesis in *Arabidopsis thaliana* [J]. Plant Journal, 39（3）: 366-380.

BERNI R, CHARTON S, PLANCHON S, et al., 2021. Molecular investigation of Tuscan sweet cherries sampled over three years: gene expression analysis coupled to metabolomics and proteomics [J]. Horticulture Research, 8（1）: 12.

BERTAMINI M, MUTHUCHELIAN K, NEDUNCHEZHIAN N, 2006. Shade effect alters leaf pigments and photosynthetic responses in Norway spruce（*Picea abies* L.）grown under field conditions[J]. Photosynthetica（Prague）, 44（2）: 227-234.

BHOWMICK N, 2011. Some lesser known minor fruit crops of northern parts of West Bengal [J]. Acta Horticulturae, 890: 61-63.

BORDOLOI M, SAIKIA S, BORDOLOI P K, et al., 2017. Isolation characterization and antifungal activity of very long chain alkane derivatives from *Cinnamomum obtusifolium*, *Elaeocarpus lanceifolius* and *Baccaurea sapida* [J]. Journal of Molecular Structure, 1142:

200-210.

BORSANI J, BUDDE C O, PORRINI L, et al., 2009. Carbon metabolism of peach fruit after harvest: changes in enzymes involved in organic acid and sugar level modifications [J]. Journal of Experimental Botany, 60（6）: 1 823-1 837.

BUCHFINK B, XIE C, HUSON D H, 2015. Fast and sensitive protein alignment using DIAMOND [J]. Nature Methods, 12（1）: 59-60.

BYRNES J, GAMFELDT L, ISBELL F, et al., 2013. Investigating the relationship between biodiversity and ecosystem multifunctionality: challenges and solutions[J]. Methods in Ecology & Evolution, 5（2）: 111-124.

CASSIDY A, MUKAMAL K J, LIU L, et al., 2013. High anthocyanin intake is associated with a reduced risk of myocardial infarction in young and middle-aged women [J]. Circulation, 127（2）: 188-196.

CASTRESANA J, 2000. Selection of conserved blocks from multiple alignments for their use in phylogenetic analysis [J]. Molcular Biology and Evolution, 17（4）: 540-552.

CELIK H, ÖZGEN M, SERCE S, et al., 2008. Phytochemical accumulation and antioxidant capacity at four maturity stages of cranberry fruit [J]. Scientia Horticulturae, 117（4）: 345-348.

CHANG C S J, LI Y H, CHEN L T, et al., 2008. LZF1, a HY5-regulated transcriptional factor, functions in Arabidopsis de-etiolation [J]. Plant Journal, 54（2）: 205-219.

CHEN B L, YANG H K, MA Y N, et al., 2017. Effect of shading on yield, fiber quality and physiological characteristics of cotton subtending leaves on different fruiting positions[J]. Photosynthetica, 55（2）: 240-250.

CHEN C, ZHOU G, CHEN J, et al., 2021. Integrated metabolome and transcriptome analysis unveils novel pathway involved in the formation of yellow peel in cucumber [J]. International Journal of Molecular Sciences, 22（3）: 1 494.

CHEN F X, LIU X H, CHEN L S, 2009. Developmental changes in pulp organic acid concentration and activities of acid-metabolising enzymes during the fruit development of two loquat（*Eriobotrya japonica* Lindl.）cultivars differing in fruit acidity [J]. Food Chemistry, 114: 657-664.

CHEN F, SONG Y F, LI X J, et al., 2019. Genome sequences of horticultural plants: past, present, and future [J]. Horticulture Research, 6（1）: 112.

CHEN J J, YUAN Z Y, ZHANG H P, et al., 2019. Cit1, 2RhaT and two novel CitdGlcTs participate in flavor-related flavonoid metabolism during citrus fruit development [J].

Journal of Experimental Botany, 70（10）: 2 759-2 771.

CHEN W, GONG L, GUO Z, et al., 2013. A novel integrated method for large-scale detection, identification, and quantification of widely targeted metabolites: Application in the study of rice metabolomics [J]. Molecular Plant, 6（6）: 1 769-1 780.

CHIU L W, LI L, 2012. Characterization of the regulatory network of BoMYB2 in controlling anthocyanin biosynthesis in purple cauliflower [J]. Planta, 236（4）: 1 153-1 164.

CHOI S H, AHN J B, KIM H J, et al., 2012. Changes in free amino acid, protein, and flavonoid content in Jujube（*Ziziphus jujube*）fruit during eight stages of growth and antioxidative and cancer cell inhibitory effects by extracts [J]. Journal Agricultural Food Chemistry, 60（41）: 10 245-10 255.

CHOI S H, AHN J B, KOZUKUE N, et al., 2011. Distribution of free amino acids, flavonoids, total phenolics, and antioxidative activities of jujube（*Ziziphus jujuba*）fruits and seeds harvested from plants grown in Korea [J]. Journal of Agricultural and Food Chemistry, 59（12）: 6 594-6 604.

CRISOSTO C H, GARNER D, CRISOSTO G M, et al., 2004. Increasing 'Blackamber' plum（*Prunus salicina* Lindell）consumer acceptance [J]. Postharvest Biology and Technology, 34: 237-244.

DELUC L, GRIMPLET J, WHEATLEY M, et al., 2007. Transcriptomic and metabolite analyses of Cabernet Sauvignon grape berry development [J]. BMC Genomics, 8（1）: 429.

DIAKOU P, SVANELLA L, RAYMOND P, et al., 2000. Phosphoenolpyruvate carboxylase during grape berry development: protein level, enzyme activity and regulation [J]. Functional Plant Biology, 27（3）: 221-229.

DUNN W B, BROADHURST D, BEGLEY P, et al., 2011. Procedures for large-scale metabolic profiling of serum and plasma using gas chromatography and liquid chromatography coupled to mass spectrometry [J]. Nature Protocols, 6（7）: 1 060-1 083.

FENG C, FENG C, LIN X G, et al., 2021. A chromosome-level genome assembly provides insights into ascorbic acid accumulation and fruit softening in guava（*Psidium guajava*）[J]. Plant Biotechnol Journal, 19（4）: 717-730.

FERRER J L, AUSTIN M B, STEWART C, et al., 2008. Structure of function of enzymes involved in the biosynthesis of phenylpropanoids [J]. Plant Physiology and Biochemistry, 46（3）: 356-370.

FIGENEIA M, KIM B, DARWISH H, et al., 2014. Transcripttomic events associated with internal browning of apple during postharvest storage [J]. BMC plant biology, 14（1）：328.

FROUZ J, TOYOTA A, MUDRÁK O, et al., 2016. Effects of soil substrate quality, microbial diversity and community composition on the plant community during primary succession[J]. Soil Biology and Biochemistry, 99：75-84.

FU A Z, WANG Q, MU J L, et al., 2021. Combined genomic, transcriptomic, and metabolomic analyses provide insights into chayote（*Sechium edule*）evolution and fruit development [J]. Horticulture Research, 8（1）：35.

GAO L, ZHAO S, LU X, et al., 2018. Comparative transcriptome analysis reveals key genes potentially related to soluble sugar and organic acid accumulation in watermelon [J]. PLos ONE, 13（1）：e0190096.

GIL A M, DUARTE I F, DELGADILLO I, et al., 2000. Study of the compositional changes of mango during ripening by use of nuclear magnetic resonance spectroscopy [J]. Journal of Agricultural and Food Chemistry, 48（5）：1 524-1 536.

GOLDENBERG L, ZOHAR M, KIRSHINBAUM L, et al., 2019. Biochemical and molecular factors governing peel-color development in 'Ora' and 'Shani' mandarins [J]. Journal of Agricultural Food Chemistry, 67（17）：4 800-4 807.

GONG X, XIE Z H, QI K J, et al., 2020. PbMC1a/1b regulates lignification during stone cell development in pear（*Pyrus bretschneideri*）fruit [J]. Horticulture Research, 7（1）：59.

GOU J Y, FELIPPES F F, LIU C J, et al., 2011. Negative regulation of anthocyanin biosynthesis in Arabidopsis by a miR156-targeted SPL transcription factor [J]. Plant Cell, 23（4）：1 512-1 522.

GOYAL A K, MISHRA T, SEN A, 2013. Antioxidant profling of Latkan（*Baccaurea ramifora* Lour.）wine [J]. Indian Journal of Biotechnology, 12：137-139.

GRANOT D, DAVID-SCHWARTZ R, KELLY G, 2013. Hexose kinases and their role in sugarsensing and plant development [J]. Frontiers in Plant Science, 4：44.

GRIFFITHS-JONES S, BATEMAN A, MARSHALL M, et al., 2003. Rfam：an RNA family database [J]. Nucleic Acids Research, 31（1）：439-441.

GU C, XU H Y, ZHOU Y H, et al., 2020. Multiomics analyses unveil the involvement of microRNAs in pear fruit senescence under high-or low-temperature conditions [J]. Horticulture Research, 7（1）：196.

GUIDA R D, ENGEL J, ALLWOOD J W, et al., 2016. Non-targeted UHPLC-MS metabolomic data processing methods：a comparative investigation of normalisation, missing value imputation, transformation and scaling [J]. Metabolomics, 12（5）: 93.

HAAS B J, SALZBERG S L, ZHU W, et al., 2008. Automated eukaryotic gene structure annotation using EVidenceModeler and the program to assemble spliced alignments [J]. Genome Biology, 9（1）: 7-16.

HADJIPIERI, 2017. Metabolic and transcriptional elucidation of the carotenoid biosynthesis pathway in peel and flesh tissue of loquat fruit during on tree development [J]. BMC Plant Biology, 17（1）: 102.

HAEUSSLER S, KAFFANKE T, BOATENG J O, et al., 2017. Site preparation severity influences lodgepole pine plant community composition, diversity and succession over 25 years[J]. Canadian Journal of Forest Research, 47（12）: 1 659-1 671.

HAN Y, WESSLER S R, et al., 2010. MITE-Hunter: a program for discovering miniature inverted-repeat transposable elements from genomic sequences [J]. Nucleic Acids Research, 38（22）: e199.

HARKEY A F, WATKINS J M, OLEX A L, et al., 2018. Identification of transcriptional and receptor networks that control root responses to ethylene [J]. Plant Physiology, 176: 2 095-2 118.

HAZZOURI K M, GROS-BALTHAZARD M, FLOWERS J M, et al., 2019. Genome-wide association mapping of date palm fruit traits [J]. Nature Communications, 10（1）: 4 680.

HE Z, LI F F, ZHANG S L, et al., 2016. Effect of bagging on free fatty acid and free amino acid content in 'Kuerle Xiangli' [J]. Journal of Fruit Science, 33（7）: 804-813.

HECTOR A, BAGCHI R, 2007. Biodiversity and ecosystem multifunctionality[J]. Nature, 448（7150）: 188-190.

HEDGES S B, DUDLEY J, KUMAR S, 2006. Time Tree: a public knowledge-base of divergence times among organisms [J]. Bioinformatics, 22（23）: 2 971-2 972.

HICHRI I, HEPPEL S C, JRM P, et al., 2010. The basic helix-loop-helix transcription factor MYC1 is involved in the regulation of the flavonoid biosynthesis pathway in grapevine [J]. Molecular Plant, 3（3）: 509-523.

HIRAI M, UENO I, 1997. Development of citrus fruits: fruit development and enzymatic changes in juice vesicle tissue [J]. Plant Cell Physiology, 18（4）: 791-799.

HU C Y, LI Q L, SHEN X F, et al., 2016. Characterization of factors underlying the metabolic shifts in developing kernels of colored maize [J]. Scientific Reports, 6（1）: 35479.

HU W, MA Y, LU F, et al., 2016. Effects of late planting and shading on sucrose metabolism in cotton fiber [J]. Environmental & Experimental Botany, 131: 164-172.

HUANG D, WANG X, TANG Z Z, et al., 2018. Subfunctionalization of the Ruby2-Ruby1 gene cluster during the domestication of citrus [J]. Nature Plants, 4（11）: 930-941.

HUANG D, YUAN Y, TANG Z Z, et al., 2019. Retrotransposon promoter of Ruby1 controls both light and cold - induced accumulation of anthocyanins in blood orange [J]. Plant, Cell & Environment, 42（11）: 3 092-3 104.

HUANG W, KHALDUN A B M, CHEN J, et al., 2016. A R2R3-MYB transcription factor regulates the flavonol biosynthetic pathway in a traditional Chinese medicinal plant, Epimedium sagittatum [J]. Frontiers in Plant Science, 7（7）: 1-12.

HUANG Y, XU Y T, JIANG X L, et al., 2021. Genome of a citrus rootstock and global DNA demethylation caused by heterografting [J]. Horticulture Research, 8（1）: 69.

INTA A, TRISONTHI P, TRISONTHI C, 2013. Analysis of traditional knowledge in medicinal plants used by Yuan in Thailand [J]. Journal of Ethnopharmacology, 149（1）: 344-351.

JAAKOLA L, 2013. New insights into the regulation of anthocyanin biosynthesis in fruits [J]. Trends in Plant Science, 18（9）: 477-483.

JEONG S T, GOTO-YAMAMOTO N, HASHIZUME K, et al., 2008. Expression of multi-copy flavonoid pathway genes coincides with anthocyanin, flavonol and flavan-3-ol accumulation of grapevine [J]. Vitis, 47（3）: 135-140.

JIA D J, WU P, SHEN F, et al., 2021. Genetic variation in the promoter of an R2R3-MYB transcription factor determines fruit malate content in apple（*Malus domestica* Borkh.）[J]. Plant Physiology, 186（1）: 549-568.

JIANG F, ZHANG J, WANG S, et al., 2019. The apricot（*Prunus armeniaca* L.）genome elucidates Rosaceae evolution and beta-carotenoid synthesis [J]. Horticulture Research, 6（1）: 128.

JIANG S, CHEN M, HE N, et al., 2019. MdGSTF6, activated by MdMYB1, plays an essential role in anthocyanin accumulation in apple [J]. Horticulture Research, 6（1）: 40.

JOLY F X, MILCU A, SCHERER-LORENZEN M, et al., 2017. Tree species diversity affects decomposition through modified micro-environmental conditions across European forests[J]. New Phytologist, 214（3）: 1 281-1 293.

JOSÉ R L, ARENDS E, DOMINGO S, et al., 2016. Recovery after 25 years of the tree and palms species diversity on a selectively logged forest in a Venezuelan lowland ecosystem[J]. Forest Systems, 25 (3): 1-12.

KALITA D, SAIKIA J, MUKHERJEE A K, et al., 2014. An ethnomedicinal survey of traditionally used medicinal plants for the treatment of snakebite in Moriga on district of Assam India [J]. International Journal Medicinal and Aromatic Plants, 4 (2): 97-106.

KATOH K, STANDLEY D M, 2013. MAFFT multiple sequence alignment software version 7: improvements in performance and usability [J]. Molcular Biology and Evolution, 30 (4): 772-780.

KAVGA A, TRYPANAGNOSTOPOULOS G, KOULOPOULOS A, et al., 2019. Implementation of photovoltaics on greenhouses and shading effect to plant growth[J]. Acta Horticulturae, 1242: 749-756.

KENTA S, AKIHIRO I, AND SACHIKO I, 2021. Chromosome-scale genome assembly of Japanese pear (*Pyrus pyrifolia*) variety 'Nijisseiki' [J]. DNA Research, 28 (2): 1-6.

KIM D, LANGMEAD B, SALZBERG S L, 2015. HISAT: a fast spliced aligner with low memory requirements [J]. Nature Methods, 12 (4): 357-360.

KOBAYASHI S, GOTO-YAMAMOTO N, HIROCHIKA H, 2004. Retrotransposon-induced mutations in grape skin color [J]. Science, 304 (5673): 982-982.

KOIKE F, 2001. Plant traits as predictors of woody species dominance in climax forest communities[J]. Journal of vegetation science, 12 (3): 327-336.

KONG J M, CHIA L S, GOH N K, et al., 2003. Analysis and biological activities of anthocyanins [J]. Phytochemistry, 64 (5): 923-933.

KOREKAR G, STOBDAN T, ARORA R, et al., 2011. Antioxidant capacity and phenolics content of apricot (*Prunus armeniaca* L.) kernel as a function of genotype [J]. Plant Foods for Human Nutrition, 66 (4): 376-383.

KOREN S, RHIE A, WALENZ B P, et al., 2018. De novo assembly of haplotype-resolved genomes with trio binning [J]. Nature Biotechnology, 36 (12): 1 174-1 182.

KOREN S, WALENZ B P, BERLIN K, et al., 2017. Canu: scalable and accurate long-read assembly via adaptive k-mer weighting and repeat separation [J]. Genome Research, 27 (5): 722-736.

KORF I, 2004. Gene finding in novel genomes [J]. BMC Bioinformatics, 5 (59): 1-9.

KUANG J F, WU C J, GUO Y F, et al., 2020. Deciphering transcriptional regulators of banana fruit ripening by regulatory network analysis [J]. Plant Biotechnology Journal, 19: 477-489.

KUBO T, KIHARA T, HIRABAYASHI T, 2002. The effects of spraying lead arsenate on citrate accumulation and the related enzyme activities in the juice sacs of *Citrus natsudaidai* [J]. Journal of the Japanese Society Horticultural Science, 71（3）: 305-310.

LAI B, DU L N, LIU R, et al., 2016. Two *LcbHLH* transcription factors interacting with LcMYB1 in regulating late structural genes of anthocyanin biosynthesis in *Nicotiana* and *Litchi chinensis* during anthocyanin accumulation [J]. Frontiers in Plant Science, 7（166）: 1-15.

LAI B; LI X J, HU B, et al., 2014. *LcMYB1* is a key determinant of differential anthocyanin accumulation among genotypes, tissues, developmental phases and ABA and light stimuli in Litchi chinensis [J]. PLos ONE, 9（1）: e86293.

LANTICAN D V, STRICKLER S R, CANAMA A O, et al., 2019. *De Novo* genome sequence assembly of dwarf coconut（ *Cocos nucifera* L. 'Catigan Green Dwarf' ）provides insights into genomic variation between coconut types and related palm species [J]. G3（Bethesda）, 9（8）: 2 377-2 393.

LI C, WU J, HU K D, et al., 2020. PyWRKY26 and PybHLH3 cotargeted the PyMYB114 promoter to regulate anthocyanin biosynthesis and transport in red-skinned pears [J]. Horticulture Research, 7（1）: 37.

LI H, HANDSAKER B, WYSOKER A, et al., 2009. The sequence alignment/map format and SAMtools [J]. Bioinformatics, 25（16）: 2 078-2 079.

LI H, LI Y, YU J, et al., 2020. MdMYB8 is associated with flavonol biosynthesis via the activation of the *MdFLS* promoter in the fruits of *Malus* crabapple [J]. Horticulture Research, 7（1）: 19.

LI H, YANG Z, ZENG Q, et al., 2020. Abnormal expression of bHLH3 disrupts a flavonoid homeostasis network, causing differences in pigment composition among mulberry fruits [J]. Horticulture Research, 7（1）: 83.

LI L, STOECKERT C J, ROOS D S, 2003. OrthoMCL: identification of ortholog groups for eukaryotic genomes [J]. Genome Research, 13（9）: 2 178-2 189.

LI P, CHEN B, ZHANG G, et al., 2016. Regulation of anthocyanin and proanthocyanidin biosynthesis by Medicago truncatula bHLH transcription factor MtTT8 [J]. New Phytologist, 210（3）: 905-921.

LI Y K, FANG J B, QI X J, et al., 2018. Combined analysis of the fruit metabolome and transcriptome reveals candidate genes involved in flavonoid biosynthesis in *Actinidia arguta* [J]. International Journal of Molecular Sciences, 19（5）: 1 471.

LI Y Y, MAO K, ZHAO C, et al., 2012. MdCOP1 ubiquitin E3 ligases interact with MdMYB1 to regulate light-induced anthocyanin biosynthesis and red fruit coloration in apple [J]. Plant Physiology, 160（2）: 1 011–1 022.

LI Y, CHEN Y, ZHOU L, et al., 2020. MicroTom metabolic network: rewiring tomato metabolic regulatory network throughout the growth cycle [J]. Molecular Plant, 13（8）: 1 203–1 218.

LIN Y L, MIN J M, LAI R L, et al., 2017. Genome-wide sequencing of longan（*Dimocarpus longan* Lour.）provides insights into molecular basis of its polyphenol-rich characteristics [J]. GigaScience, 6（5）: 1–14.

LIU J Y, OSBOURN A, MA P D, 2015. MYB transcription factors as regulators of Phenylpropanoid metabolism in plants [J]. Molecular Plant, 8（5）: 689–708.

LIU W L, ZHANG J, JIAO C, et al., 2019. Transcriptome analysis provides insights into the regulation of metabolic processes during postharvest cold storage of loquat（*Eriobotrya japonica*）fruit [J]. Horticulture Research（6）: 49.

LIU Y H, LV J H, LIU Z B, et al., 2020. Integrative analysis of metabolome and transcriptome reveals the mechanism of color formation in pepper fruit（*Capsicum annuum* L.）[J]. Food Chemistry, 306（8）: E975–E988.

LIU Y, LI D, ZHANG Y, et al., 2014. Anthocyanin increases adiponectin secretion and protects against diabetes-related endothelial dysfunction [J]. American Journal of Physiology Endocrinol Metabolism, 306（8）: 975–988.

LIU Y, TIKUNOV Y, SCHOUTEN R E, et al., 2018. Anthocyanin biosynthesis and degradation mechanisms in Solanaceous vegetables: A Review [J]. Frontiers in Chemistry（6）: 52.

LLOYD A, BROCKMAN A, AGUIRRE L, et al., 2017. Advances in the MYB–bHLH–WD repeat（MBW）pigment regulatory model: addition of a WRKY factor and co-option of an anthocyanin MYB for betalain regulation [J]. Plant and Cell Physiology, 58（9）: 1 431–1 441.

LOWE T M, EDDY S R, 1997. tRNAscan-SE: a program for improved detection of transfer RNA genes in genomic sequence [J]. Nucleic Acids research, 25（5）: 955–964.

LU L, LIANG J J, CHANG X, et al., 2017. Enhanced vacuolar invertase activity and capability for carbohydrate import in GA-treated inflorescence correlate with increased fruit set in grapevine [J]. Tree Genetics & Genomes, 13（1）: 21.

LUO A C, YANG X H, DENG Y Y, et al., 2003. Organic acid concentrations and the relative enzymatic changes during the development of the citrus fruits [J]. Scientia

Agricultura Sincia，2（6）：653-657.

MA L L，WANG Q，MU J L，et al.，2020. The genome and transcriptome analysis of snake gourd provide insights into its evolution and fruit development and ripening [J]. Horticulture Research，7：199.

MA W Y，XU L L，GAO S W，et al.，2021. Melatonin alters the secondary metabolite profile of grape berry skin by promoting VvMYB14-mediated ethylene biosynthesis [J]. Horticulture Research，8（1）：43.

MAJOROS W H，PERTEA M，SALZBERG S L，2004. TigrScan and GlimmerHMM：two open source ab initio eukaryotic gene-finders [J]. Bioinformatics，20（16）：2 878-2 879.

MALUNDO T M M，SHEWFELT R L，SCOTT J W，1995. Flavor quality of fresh tomato（*Lycopersicon esculentum* Mill.）as affected by sugar and acid levels [J]. Postharvest Biology and Technology，6：103-110.

MANN S，SATPATHY G，GUPTA R K，2016. Evaluation of nutritional and phytochemical profiling of *Baccaurea ramifora* Lour. and *Baccaurea sapida*（Roxb）Mull Arg fruits [J]. Indian Journal of Traditional Knowledge，15（1）：135-142.

MANN S，SHARMA A，BISWAS S，et al.，2015. Identifcation and molecular docking analysis of active ingredients with medicinal properties from edible *Baccaurea sapida* [J]. Bioinformation，11（9）：437-443.

MARTINS M Q，MARAL T S，SOUZA M F，et al.，2015. Influência do sombreamento no crescimento de mudas de laranjeira 'Folha Murcha' [J]. Revista de Ciencias Agrarias，38（3）：407-413.

MCCLURE K A，GONG Y，SONG J，et al.，2019. Genome-wide association studies in apple reveal loci of large effect controlling apple polyphenols [J]. Horticulture Research，6（1）：107.

MIAO L，ZHANG Y，YANG X，et al.，2016. Effect of rain shelter and shading on plantlets growth and antioxidant contents in strawberry[J]. Indian Journal of Horticulture，73（3）：433.

MINAS I S，CRISOSTO G M，HOLCROFT D，et al.，2013. Postharvest handling of plums（*Prunus salicina* Lindl.）at 10℃ to save energy and preserve fruit quality using an innovative application system of 1-MCP [J]. Postharvest Biology Technology，76：1-9.

MIRON D，SCHAFFER A A，1991. Sucrose phosphate synthase，sucrose synthase，and invertase activities in developing fruit of *Lycopersicon esculentum* Mill. and the sucrose accumulating *Lycopersicon hirsutum* Humb. and Bonpl [J]. Plant Physiology, 95（2）: 623-627.

MOGHE G D, SHIU S H, 2014. The causes and molecular consequences of polyploidy in flowering plants [J]. Annals of the New York Academy Sciences, 1320（1）: 16-34.

MOING A, ROTHAN C, SVANELLA L, et al., 2000. Role of phosphoenolpyruvate carboxylase in organic acid accumulation during peach fruit development [J]. Physiologia Plantarum, 108（1）: 1-10.

NAM J M, KIM J H, KIM J G, 2017. Effects of light intensity and plant density on growth and reproduction of the amphicarpic annual Persicaria thunbergii[J]. Aquatic Botany, 142.

NESA M L, KARIM S M S, API K, et al., 2018. Screening of *Baccaurea ramiflora*（Lour.）extracts for cytotoxic, analgesic, anti-inflammatory, neuropharmacological and antidiarrheal activities[J]. Bmc Complementary & Alternative Medicine, 18（1）: 35.

NESA M L, KARIM S S, API K, et al., 2018. Screening of *Baccaurea ramifora*（Lour.）extracts for cytotoxic analgesic anti-infammatory neuropharmacological and antidiarrheal activities [J]. BMC Complementary and Alternative Medicine, 18（1）: 35.

NICOLAS D, JEAN-MARC C, GARETH L, et al., 2017. High-quality de novo assembly of the apple genome and methylome dynamics of early fruit development [J]. Nature Genetics, 49（7）: 1 099-1 106.

NYSTEDT B, STREET N R, WETTERBOM A, et al., 2013. The Norway Spruce genome sequence and conifer genome evolution [J]. Nature, 497（7451）: 579-584.

OBAYED ULLAH M, URMI K F, HOWLADER M, et al., 2012. Hypoglycemic, hypolipidemic and antioxidant efects of leaves methanolic extract of *Baccaurea ramifora* [J]. International Journal of Pharmacy and Pharmaceutical Science, 4（3）: 266-269.

OR E, BAYBIK J, SADKA A, et al., 2000. Isolation of mitochondrial malate dehydrogenase and phosphoenolpyruvate carboxylase cDNA clones from grape berries and analysis of their expression pattern throughout berry development [J]. Journal of Plant Physiology, 157（5）: 527-534.

OU S, JIANG N, 2018. LTR_retriever: A highly accurate and sensitive program for identification of long terminal repeat retrotransposons [J]. Plant Physiology, 176（2）: 1 410-1 422.

OUYANG S, BUELL R, 2004. The TIGR Plant Repeat Databases: a collective resource

for the identification of repetitive sequences in plants [J]. Nucleic Acids Research, 32
（90001）: 360.

PAN J Q, TONG X R, GUO B L, 2016. Progress of effects of light on plant flavonoids[J].
China Journal of Chinese Materia Medica, 41（21）: 3 897-3 903.

PAN Z H, NING D S, HUANG S S, et al., 2015. A new picrotoxane sesquiterpene
from the berries of *Baccaurea ramiflora* with antifungal activity against Colletotrichum
gloeosporioides[J]. Natural Product Research, 29（14）: 1 323-1 327.

PANDEY Y, UPADHYAY S, BHATT S S, et al., 2018. Nutritional Compositions of
Baccaurea sapida and *Eleaocarpus sikkimnesis* of Sikkim Himalaya [J]. International
Journal Current Microbiology and Applied Sciences, 7（2）: 2 101-2 106.

PANGBORN RM, 1963. Relative taste intensities of selected sugars and organic acids [J].
Journal of Food Science, 28（6）: 726-733.

PATERNO G B, SIQUEIRA F, JOSÉ A, et al., 2016. Species-specific facilitation,
ontogenetic shifts and consequences for plant community succession[J]. Journal of
Vegetation Science, 27（3）: 606-615.

PAULINO P R, MAURICIO R P D, GUEDES C L G, et al., 2010. PlnTFDB: updated
content and new features of the plant transcription factor database [J]. Nucleic Acids
Research, 38（suppl 1）: D822-827.

PAYNE C T, ZHANG F, LLOYD A M, 2000. GL3 encodes a bHLH protein that regulates
trichome development in Arabidopsis through interaction with GL1 and TTG1 [J].
Genetics, 156（3）: 1 349-1 362.

PENG Y, LIN-WANG K, COONEY J, et al., 2019. Differential regulation of the
anthocyanin profile in purple kiwifruit（ *Actinidia* species）[J]. Horticulture Research, 6
（1）: 3.

PÉREZ-DÍAZ J R, PÉREZ-DÍAZ J, MADRID-ESPINOZA J, et al., 2016. New member
of the R2R3-MYB transcription factors family in grapevine suppresses the anthocyanin
accumulation in the flowers of transgenic tobacco [J]. Plant Molecular Biology, 90（1-2）:
63-76.

PETRONI K, TONELLI C, 2011. Recent advances on the regulation of anthocyanin
synthesis in reproductive organs [J]. Plant Science: An International Journal of
Experimental Plant Biology, 181（3）: 219-229.

PHILLIPS S M, FULGONI V L, HEANEY R P, et al., 2015. Commonly consumed
protein foods contribute to nutrient intake, diet quality, and nutrient adequacy [J].

American Journal of Clinical Nutrition, 101（6）：1346S-1352S.

PINOSIO S, MARRONI F, ZUCCOLO A, et al., 2020. A draft genome of sweet cherry（*Prunus avium* L.）reveals genome-wide and local effects of domestication [J]. Plant Journal, 103（4）：1 420-1 432.

PIRES N, DOLAN L, 2010. Origin and diversification of basic-helix-loop-helix proteins in plants [J]. Molecular Biology and Evolution, 27（4）：862-874.

POJER E, MATTIVI F, JOHNSON D, et al., 2013. The case for anthocyanin consumption to promote human health：a review [J]. Comprehensive Reviews in Food Science and Food Safety, 12（5）：483-508.

POORTER L , ARETS E J M M, 2003. Light environment and tree strategies in a Bolivian tropical moist forest：an evaluation of the light partitioning hypothesis[J]. Plant Ecology, 166（2）：295-306.

PRICE A L, JONES N C, PEVZNER P A, 2005. De novo identification of repeat families in large genomes [J]. Bioinformatics, 21（1）：351-358.

PUWASTIEN P, BURLINGAME B, RAROENGWICHIT M, et al., 2000. ASEAN food composition tables 2000 [M]. Salaya：Institute of Nutrition, Mahidol University：157.

QIAN Z, ADHYA S, 2017. DNA repeat sequences：diversity and versatility of functions [J]. Current Genetics, 63（3）：411-416.

QIU Z, WANG X, GAO J, et al., 2016. The tomato Hoffman's anthocyaninless gene encodes a bHLH transcription factor involved in anthocyanin biosynthesis that is developmentally regulated and induced by low temperatures [J]. PLos ONE, 11（3）：1-22.

QU C Q, ZHANG X L, WANG F, et al., 2020. A 14 nucleotide deletion mutation in the coding region of the PpBBX24 gene is associated with the red skin of "Zaosu Red" pear（*Pyrus pyrifolia* White Pear Group）：a deletion in the PpBBX24 gene is associated with the red skin of pear [J]. Horticulture Research, 7（1）：39.

QUEVILLON E, SILVENTOINEN V, PILLAI S, et al., 2005. InterProScan：protein domains identifier [J]. Nucleic Acids Research, 33（2）：116-120.

RAHIM Z B, RAHMAN M M, SAHA D, et al., 2012. Ethnomedicinal plants used against jaundice in Bangladesh and its economical prospects [J]. Bulletin Pharmaceutical Research, 2（2）：91-105.

RAMSAY N A, GLOVER B J, 2005. MYB-bHLH-WD40 protein complex and the evolution of cellular diversity [J]. Trends in Plant Science, 10（2）：63-70.

ROBERTS A, PIMENTEL H, TRAPNELL C, et al., 2011. Identification of novel transcripts in annotated genomes using RNA-Seq [J]. Bioinformatics，27（17）：2 325–2 329.

RONQUIST F，HUELSENBECK J P，2003. Mr Bayes 3：Bayesian phylogenetic inference under mixed models [J]. Bioinformatics，19（12）：1 572–1 574.

ROTH M，MURANTY H，DI GUARDO M，et al.，2020. Genomic prediction of fruit texture and training population optimization towards the application of genomic selection in apple[J]. Horticulture Research，7（1）：148.

RUAN Y L，JIN Y，YANG Y J，et al.，2010. Sugar input，metabolism，and signaling mediated by invertase：roles in development，yield potential，and response to drought and heat [J]. Molecular Plant，3（6）：942–955.

SADKA A，DAHAN E，COHEN L，et al.，2000. Aconitase activity and expression during the development of lemon fruit [J]. Physiologia Plantarum，108（3）：255–262.

SAHA M R，DEY P，CHAUDHURI T K，et al.，2016. Assessment of haemolytic cytotoxic and free radical scavenging activities of an underutilized fruit *Baccaurea ramifora* Lour.（Roxb.）Muell [J]. Indian Journal of Experimental Biology，54（2）：115–125.

SAHA S，GOUDA T S，SRINIVAS S V，2017. Preliminary phytochemical analysis and oral acute toxicity study of the leaves of *Baccaurea ramifora* and *Microcos paniculata* [J]. Saudi Journal of Medical and Pharmaceutical Science，3（6）：444–449.

SAHAB M，SARWAR M，ASADUZZAMAN M，et al.，2018. Phytochemical analysis and antioxidant profile of methanolic extract of seed，pulp and peel of Baccaurea ramiflora Lour. [J]. Asian Pacific Journal of Tropical Medicine，11（7）：43–50.

SAITO K，KASAI Z，1969. Tartaric acid synthesis from 1-ascorbic acid-1-^{14}C in grape berries [J]. Phytochemistry，8（11）：2 177–2 182.

SCHMIDT M，VELDKAMP E，CORRE M D，2015. Tree species diversity effects on productivity，soil nutrient availability and nutrient response efficiency in a temperate deciduous forest[J]. Forest Ecology and Management（338）：114–123.

SEMCHENKO M，LEPIK M，TZENBERGER L，et al.，2012. Positive effect of shade on plant growth：amelioration of stress or active regulation of growth rate?[J]. Journal of Ecology，100（2）：459–466.

SEPPEY M，MANNI M，ZDOBNOV E M，2019. BUSCO：Assessing Genome Assembly and Annotation Completeness [J]. Methods in Molecular Biology（1962）：227–245.

SHANGGUAN L，SUN X，ZHANG C Q，et al.，2015. Genome identification and analysis of genes encoding the key enzymes involved in organic acid biosynthesis pathway in apple, grape, and sweet orange [J]. Scientia Horticulturae, 185（2015）: 22-28.

SHEN Y H, YANG F Y, LU B G, et al., 2019. Exploring the differential mechanisms of carotenoid biosynthesis in the yellow peel and red flesh of papaya [J]. BMC Genomics, 20（1）: 49.

SHI M Y, LIU X, ZHANG H P, et al., 2020. The IAA-and ABA-responsive transcription factor CgMYB58 up-regulates lignin biosynthesis and triggers juice sac granulation in pummelo [J]. Horticulture Research, 7（1）: 139.

SHIN D H, CHOI M, KIM K, et al., 2013. HY5 regulates anthocyanin biosynthesis by inducing the transcriptional activation of the MYB75/PAP1 transcription factor in Arabidopsis [J]. FEBS Letters, 587（10）: 1 543-1 547.

SILVA P M, RAMMER W, SEIDL R, 2016. A disturbance-induced increase in tree species diversity facilitates forest productivity[J]. Landscape Ecology, 31（5）: 989-1004.

SMYTH G K, 2010. EdgeR: a Bioconductor package for differential expression analysis of digital gene expression data [J]. Bioinformatics, 26（1）: 139.

STANKE M, STEINKAMP R, WAACK S, et al., 2004. AUGUSTUS: a web server for gene finding in eukaryotes [J]. Nucleic Acids Research, 32（2）: 309-312.

STORZ G, 2002. An expanding universe of noncoding RNAs [J]. Science, 296（5571）: 1 260-1 263.

SUN H J, LUO M L, ZHOU X, et al., 2020. PuMYB21/PuMYB54 coordinate to activate PuPLDβ1 transcription during peel browning of cold-stored "Nanguo" pears [J]. Horticulture Research, 7（1）: 136.

SUN S S, GUGGER P F, WANG Q F, et al., 2016. Identification of a R2R3-MYB gene regulating anthocyanin biosynthesis and relationships between its variation and flower color difference in lotus（Nelumbo adans）[J]. Peer Journal（4）: e2369.

SUNDRIYAL M, SUNDRIYAL D C, 2001. Wild edible plants of the Sikkim Himalaya: nutritive values of selected species [J]. Economic Botany, 2001, 55（3）: 377-390.

TANG H, BOWERS J E, WANG X, et al., 2008. Synteny and collinearity in plant genomes [J]. Science, 320（5875）: 486-488.

TARAILO-GRAOVAC M, CHEN N, 2009. Using RepeatMasker to identify repetitive elements in genomic sequences [J]. Current Protocols in Bioinformatics, 4（10）: 1-14.

TEH B T, LIM K, YONG C H, et al., 2017. The draft genome of tropical fruit durian（Durio zibethinus）[J]. Nature Genetics, 49（11）: 1 633-1 641.

TELIAS A, BRADEEN J M., LUBY J J, et al., 2011. Regulation of anthocyanin

accumulation in apple peel [J]. Horticultural Reviews, 38: 357−391.

TER-HOVHANNISYAN V, LOMSADZE A, CHERNOFF Y O, et al., 2008. Gene prediction in novel fungal genomes using an ab initio algorithm with unsupervised training [J]. Genome Research, 18（12）: 1 979−1 990.

TORRES C A, AZOCAR C, RAMOS P, et al., 2020. Photooxidative stress activates a complex multigenic response integrating the phenylpropanoid pathway and ethylene, leading to lignin accumulation in apple（*Malus domestica* Borkh.）fruit [J]. Horticulture Research, 7（1）: 22.

TRAPNELL C, WILLIAMS B A, PERTEA G, et al., 2010. Transcript assembly and quantification by RNA-Seq reveals unannotated transcripts and isoform switching during cell differentiation [J]. Nature Biotechnology, 28（5）: 511−515.

TSUDA T, 2012. Dietary anthocyanin-rich plants: Biochemical basis and recent progress in health benefits studies [J]. Molecular Nutrition & Food Research, 56（1）: 159−170.

ULRICH W, ZAPLATA M K, WINTER S, et al., 2016. Species interactions and random dispersal rather than habitat filtering drive community assembly during early plant succession[J]. Oikos, 125（5）: 698−707.

UMER M J, SAFDAR L B, GEBREMESKEL H, et al., 2020. Identification of key gene networks controlling organic acid and sugar metabolism during watermelon fruit development by integrating metabolic phenotypes and gene expression profiles [J]. Horticulture Research, 7（1）: 193.

USHA T, MIDDHA S K, BHATTACHARYA M, et al., 2014. Rosmarinic acid a new polyphenol from *Baccaurea ramifora* Lour. leaf: a probable compound for its anti-infammatory activity [J]. Antioxidants, 3（4）: 830−842.

USHA T, MIDDHA S K, BHATTACHARYA M, et al., 2014. Rosmarinic acid, a new polyphenol from *Baccaurea ramiflora* Lour. Leaf: A probable compound for its anti-inflammatory activity[J]. Antioxidants（Basel, Switzerland）, 3（4）: 830−842.

USHA T, PRADHAN S, GOYAL A K, et al., 2017. Molecular simulation-based combinatorial modeling and antioxidant activities of Zingiberaceae family rhizomes [J]. Pharmacognosy Magazine, 13（Suppl 3）: S715.

VANBUREN R, ZENG F, CHEN C, et al., 2015. Origin and domestication of papaya Yh chromosome [J]. Genome Research, 25（4）: 524−533.

VERDE I, ABBOTT A G, SCALABRIN S, et al., 2013. The high-quality draft genome of peach（*Prunus persica*）identifies unique patterns of genetic diversity, domestication and genome evolution [J]. Nature Genetics, 45（5）：487-494.

WALTERS M B, REICH P B, 1996. Are Shade Tolerance, Survival, and Growth Linked? Low Light and Nitrogen Effects on Hardwood Seedlings[J]. Ecology, 77: 3.

WANG D D, ZHANG L G, HUANG X R, et al., 2018. Identification of nutritional components in black sesame determined by widely targeted metabolomics and traditional Chinese medicines [J]. Molecules, 23（5）：1 180.

WANG H, ZHANG H, YANG Y, et al., 2019. The control of red color by a family of MYB transcription factors in octoploid strawberry（Fragaria × ananassa）fruits [J]. Plant Biotechnology Journal, 18（5）：1 169-1 184.

WANG L S, STONER G D, 2008. Anthocyanins and their role in cancer prevention [J]. Cancer Letters, 269（2）：281-290.

WANG N, LIU W J, ZHANG T L, et al., 2018. Transcriptomic analysis of red-fleshed apples reveals the novel role of MdWRKY11 in flavonoid and anthocyanin biosynthesis [J]. Journal of Agricultural and Food Chemistry, 66（27）：7 076-7 086.

WANG P, LUO Y F, HUANG J F, et al., 2020. The genome evolution and domestication of tropical fruit mango [J]. Genome Biology, 21（1）：60.

WANG S Y, CHEN C T, WANG C Y, 2009. The influence of light and maturity on fruit quality and flavonoid content of red raspberries [J]. Food Chemistry, 112（3）：676-684.

WANG X B, ZENG W F, DING Y F, et al., 2019. PpERF3 positively regulates ABA biosynthesis by activating PpNCED2/3 transcription during fruit ripening in peach [J]. Horticulture Research, 6（1）：19.

WANG X X, CHEN Y, JIANG S, et al., 2020. PpINH1, an invertase inhibitor, interacts with vacuolar invertase PpVIN2 in regulating the chilling tolerance of peach fruit [J]. Horticulture Research, 7（1）：168.

WANG Y, ZHANG X F, YANG S L, et al., 2018. Lignin involvement in programmed changes in peach-fruit texture indicated by metabolite and transcriptome analyses [J]. Journal of Agricultural and Food Chemistry, 66（48）：12 627-12 640.

WANG Z R, CUI Y Y, VAINSTEIN A, et al., 2017. Regulation of Fig（*Ficus carica* L.）Fruit color: metabolomic and transcriptomic analyses of the flavonoid biosynthetic pathway [J]. Frontiers in Plant Science, 8: 1990.

WANG Z, GERSTEIN M, SNYDER M, 2009. RNA-Seq: a revolutionary tool for transcriptomics [J]. Nature Reviews Genetics, 10（1）：57-63.

WEBER H, 2002. Fatty acid-derived signals in plants [J]. Trends in Plant Science, 7（5）：

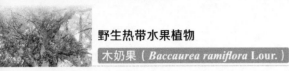

217-224.

WEN B, CAI Y, 2014. Seed viability as a function of moisture and temperature in the recalcitrant rainforest species *Baccaurea ramiflora* (Euphorbiaceae) [J]. Annals of Forest Science, 71 (8) : 853-861.

WEN B, MEI Z L, ZENG C W, et al., 2017. MetaX: a flexible and comprehensive software for processing metabolomics data [J]. BMC Bioinformatics, 18 (1) : 183.

WILLEKENS H, CAMP W V, MONTAGU M V, et al., 1994. Ozone, sulfur dioxide, and ultraviolet B have similar effects on mRNA accumulation of antioxidant genes in *Nicotiana plumbaginifolia* L. [J]. Plant physiology, 106 (3) : 1 007-1 014.

WINTER A N, ROSS E K, WILKINS H M, et al., 2017. An anthocyanin-enriched extract from strawberries delays disease onset and extends survival in the hSOD1G93A mouse model of amyotrophic lateral sclerosis [J]. Nutritional Neuroscience, 21 (6) : 414-426.

WU S, ZHANG X, GAO X, et al., 2019. Succession dynamics of a plant community of degraded alpine meadow during the human-induced restoration process in the Three Rivers Source region[J]. Acta Ecologica Sinica, 39 (7) : 2 444-2 453.

XANTHOPOULOU A, MANIOUDAKI M, BAZAKOS C, et al., 2020. Whole genome re-sequencing of sweet cherry (*Prunus avium* L.) yields insights into genomic diversity of a fruit species [J]. Horticulture Research, 7 (1) : 60.

XIA Z Q, HUANG D M, ZHANG S K, et al., 2021. Chromosome-scale genome assembly provides insights into the evolution and flavor synthesis of passion fruit (*Passiflora edulis* Sims) [J]. Horticulture Research, 8 (1) : 14.

XIANG L L, LIU X F, LI X, et al., 2015. A novel *bHLH* transcription factor involved in regulating anthocyanin biosynthesis in Chrysanthemums (*Chrysanthemum morifolium* Ramat) [J]. PLos ONE, 10 (11) : 1-17.

XIE C, MAO X, HUANG J, et al., 2011. KOBAS 2. 0: a web server for annotation and identification of enriched pathways and diseases [J]. Nucleic Acids Research, 39 (2) : 316-322.

XIN N, YANG Z, LI Z, et al., 2015. Mechanisms of MYB-bHLH-WD40 complex in the regulation of anthocyanin biosythesis in plants [J]. Agricultural Biotechnology, 4 (3) : 5-8, 13.

XU H, ZOU Q, YANG G, et al., 2020. MdMYB6 regulates anthocyanin formation in apple both through direct inhibition of the biosynthesis pathway and through substrate removal [J]. Horticulture Research, 7 (1) : 72.

XU L, ZHANG Y, SU Y, et al., 2010. Structure and evolution of full-length LTR retrotransposons in rice genome [J]. Plant Systematics and Evolution, 287（1）: 19-28.

XU Z, WANG H, 2007. LTR FINDER: an efficient tool for the prediction of full-length LTR retrotransposons [J]. Nucleic Acids Research, 35（suppl 2）: W265-268.

YANG L, HE T, YU Y, et al., 2018. Community-wide consistence in plant N acquisition during post-agricultural succession in a karst area, southwest China[J]. New Forests, 49（2）: 197-214.

YANG X W, WANG J S, MA Y L, et al., 2007. Bioactive phenols from the leaves of Baccaurea ramiflora [J]. Planta Medica, 73（13）: 1 415-1 417.

YANG Z, 2007. PAML 4: phylogenetic analysis by maximum likelihood [J]. Molcular Biology and Evolution, 24（8）: 1 586-1 591.

YAO S X, CAO Q, XIE J, et al., 2018. Alteration of sugar and organic acid metabolism in postharvest granulation of Ponkan fruit revealed by transcriptome profiling [J]. Postharvest Biology and Technology, 139: 2-11.

YAZICI K, GUNES S, 2018. The effects of shading treatments on the plant growth rate of some varieties of aster flowers（Dahlia spp.）in the ecologic conditions of tokat（Turkey）[J]. Applied Ecology & Environmental Research, 16（5）: 7 191-7 202.

YI D B, ZHANG H N, LAI B, et al., 2021. Integrative analysis of the coloring mechanism of red longan pericarp through metabolome and transcriptome analyses [J]. Journal of Agricultural and Food Chemistry, 69（6）: 1 806-1 815.

YOSHIDA K, MA D, CONSTABEL C P, 2015. The MYB182 protein down-regulates proanthocyanidin and anthocyanin biosynthesis in poplar by repressing both structural and regulatory flavonoid genes [J]. Plant Physiology, 167（3）: 693-710.

YU Y G, CHEN X P, AND ZHENG Q, 2019. Metabolomic profiling of carotenoid constituents in physalis peruviana during different growth stages by LC-MS/MS technology [J]. Journal of Food Science, 84（12）: 3 608-3 613.

YUAN X K, YANG Z Q, LI Y X, et al., 2016. Effects of different levels of water stress on leaf photosynthetic characteristics and antioxidant enzyme activities of greenhouse tomato[J]. Photosynthetica, 54（1）: 28-39.

ZHAI R, WANG Z, YANG C, et al., 2019. PbGA2ox8 induces vascular-related anthocyanin accumulation and contributes to red stripe formation on pear fruit [J]. Horticulture Research, 6（1）: 137.

ZHANG F, GONZALEZ A, ZHAO M, et al., 2003. A network of redundant bHLH proteins functions in all TTG1-dependent pathways of Arabidopsis [J]. Development，130（20）：4 859-4 869.

ZHANG H，WANG Z Y，YANG X，et al.，2014. Determination of free amino acids and 18 elements in freeze-dried strawberry and blueberry fruit using an Amino Acid Analyzer and ICP-MS with micro-wave digestion [J]. Food Chemistry，147：189-194.

ZHANG L Y，HU J，HAN X L，et al.，2019. A high-quality apple genome assembly reveals the association of a retrotransposon and red fruit colour [J]. Nature Communications，10（1）：1 494.

ZHANG M Y，XUE C，HU H J，et al.，2021. Genome-wide association studies provide insights into the genetic determination of fruit traits of pear [J]. Nature Communications，12（1）：1 144.

ZHANG Q，GU K，WANG J，et al.，2020. BTB-BACK-TAZ domain protein MdBT2-mediated MdMYB73 ubiquitination negatively regulates malate accumulation and vacuolar acidification in apple [J]. Horticulture Research，7（1）：151.

ZHANG Q，WANG L L，LIU Z G，et al.，2019. Transcriptome and metabolome profiling unveil the mechanisms of *Ziziphus jujuba* Mill. peel coloration [J]. Food Chemistry，312：125903.

ZHANG Y，BUTELLI E，MARTIN C，2014. Engineering anthocyanin biosynthesis in plants [J]. Current Opinion Plant Biology，19：81-90.

ZHANG Z，LI J，ZHAO X Q，et al.，2006. KaKs_Calculator：calculating Ka and Ks through model selection and model averaging [J]. Genomics Proteomics & Bioinformatics，4（4）：259.

ZHAO F Z，BAI L，WANG J Y，et al.，2019. Change in soil bacterial community during secondary succession depend on plant and soil characteristics[J]. Catena，173：246-252.

ZHAO W H，ZHANG Y D，SHI Y P，2021. Visualizing the spatial distribution of endogenous molecules in wolfberry fruit at different development stages by matrix-assisted laser desorption/ionization mass spectrometry imaging [J]. Talanta，234：122 687.

ZHENG X J，ZHU K J，SUN Q，et al.，2019. Natural variation in CCD4 promoter underpins species-specific evolution of red coloration in citrus peel [J]. Molecular Plant，12（9）：1 294-1 307.

ZHOU D，SHEN Y，ZHOU P，et al.，2019. Papaya CpbHLH1/2 regulate carotenoid biosynthesis-related genes during papaya fruit ripening [J]. Horticulture Research，6（1）：80.

ZHU Q G, XU Y, YANG Y, et al., 2019. The persimmon (*Diospyros oleifera* Cheng) genome provides new insights into the inheritance of astringency and ancestral evolution [J]. Horticulture Research, 6 (1): 138.

ZOU S C, WU J C, SHAHID M Q, et al., 2020. Identification of key taste components in loquat using widely targeted metabolomics [J]. Food Chemistry, 323: 126 822.

附　录

类别 Class	科	Family	属	Genus	种	Species
蕨类植物 Pteridophyta	金星蕨科	Thelypteridaceae	毛蕨属	*Cyclosorus*	毛蕨	*Cyclosorus interruptus*
	乌毛蕨科	Blechnaceae	狗脊属	*Woodwardia*	狗脊	*Woodwardia japonica*
	海金沙科	Lygodiaceae	海金沙属	*Lygodium*	海南海金沙	*Lygodium circinatum*
双子叶植物 Dicotyledons	八角枫科	Alangiaceae	八角枫属	*Alangium*	八角枫	*Alangium chinense*
	茶茱萸科	Icacinaceae	心翼果属	*Peripterygium*	心翼果	*Cardiopteris quinqueloba*
	唇形科	Labiatae	筋骨草属	*Ajuga*	筋骨草	*Ajuga ciliata*
	大风子科	Kiggelariaceae	刺柊属	*Scolopia*	广东刺柊	*Scolopia saeva*
	大戟科	Euphorbiaceae	木奶果属	*Baccaurea*	木奶果	*Baccaurea ramiflora*
			山麻秆属	*Alchornea*	红背山麻秆	*Alchornea trewioides*
			三宝木属	*Trigonostemon*	黄花三宝木	*Trigonostemon fragilis*
			棒柄花属	*Cleidion*	棒柄花	*Cleidion brevipetiolatum*
			油桐属	*Vernicia*	木油桐	*Vernicia montana*
			野桐属	*Mallotus*	粗毛野桐	*Hancea hookeriana*
			土蜜树属	*Bridelia*	土蜜树	*Bridelia tomentosa*
					禾串树	*Bridelia balansae* Tutcher

（续表）

类别 Class	科	Family	属	Genus	种	Species
双子叶植物 Dicotyledons	大戟科	Euphorbiaceae	秋枫属	*Bischofia*	秋枫	*Bischofia javanica*
			五月茶属	*Antidesma*	日本五月茶	*Antidesma japonicum*
					山地五月茶	*Antidesma montanum*
			东京桐属	*Deutzianthus*	东京桐	*Deutzianthus tonkinensis*
			蝴蝶果属	*Cleidiocarpon*	蝴蝶果	*Cleidiocarpon cavaleriei*
			闭花木属	*Cleistanthus*	闭花木	*Cleistanthus sumatranus*
			巴豆属	*Croton*	石山巴豆	*Croton euryphyllus*
			乌桕属	*Sapium*	圆叶乌桕	*Triadica rotundifolia*
	豆科	Leguminosae	黄檀属	*Dalbergia*	印度黄檀	*Dalbergia sissoo*
			无忧花属	*Saraca*	中国无忧花	*Saraca dives*
			猴耳环属	*Pithecellobium*	猴耳环	*Archidendron clypearia*
			任豆属	*Zenia*	任豆	*Zenia insignis*
			顶果树属	*Acrocarpus*	顶果树	*Acrocarpus fraxinifolius*
			仪花属	*Lysidice*	仪花	*Lysidice rhodostegia*
	杜英科	Elaeocarpaceae	杜英属	*Elaeocarpus*	山杜英	*Elaeocarpus sylvestris*
	椴树科	Tiliaceae	破布叶属	*Microcos*	破布叶	*Microcos paniculata*
			蚬木属	*Excentrodendron*	节花蚬木	*Excentrodendron tonkinense*

（续表）

类别 Class	科	Family	属	Genus	种	Species
双子叶植物 Dicotyledons	番荔枝科	Annonaceae	假鹰爪属	*Desmos*	假鹰爪	*Desmos chinensis*
			紫玉盘属	*Uvaria*	紫玉盘	*Uvaria macrophylla*
			哥纳香属	*Goniothalamus*	田方骨	*Goniothalamus donnaiensis*
			藤春属	*Alphonsea*	石密	*Alphonsea mollis*
			野独活属	*Miliusa*	野独活	*Miliusa balansae*
	防己科	Menispermaceae	木防己属	*Cocculus*	樟叶木防己	*Cocculus laurifolius*
	橄榄科	Burseraceae	橄榄属	*Canarium*	乌榄	*Canarium pimela*
					橄榄	*Canarium album*
	海桐花科	Pittosporaceae	海桐花属	*Pittosporum*	秀丽海桐	*Pittosporum pulchrum*
	胡椒科	Piperaceae	胡椒属	*Piper*	山蒟	*Piper hancei*
					假蒟	*Piper sarmentosum*
	夹竹桃科	Apocynaceae	络石属	*Trachelospermum*	络石	*Trachelospermum jasminoides*
			倒吊笔属	*Wrightia*	胭木	*Wrightia arborea*
	菊科	Compositae	鬼针草属	*Bidens*	鬼针草	*Bidens pilosa*
	楝科	Meliaceae	香椿属	*Toona*	香椿	*Toona sinensis*
			浆果楝属	*Cipadessa*	浆果楝	*Cipadessa baccifera*
	龙脑香科	Dipterocarpaceae	柳安属	*Parashorea*	望天树	*Parashorea chinensis*
	落葵科	Basellaceae	落葵薯属	*Anredera*	落葵薯	*Anredera cordifolia*
	马钱科	Loganiaceae	蓬莱葛属	*Gardneria*	蓬莱葛	*Gardneria multiflora*
	猕猴桃科	Actinidiaceae	水东哥属	*Saurauia*	水东哥	*Saurauia tristyla*
	木兰科	Magnoliaceae Juss	长喙木兰属	*Lirianthe*	显脉木兰	*Lirianthe fistulosa*
	木棉科	Bombacaceae	木棉属	*Bombax*	木棉	*Bombax ceiba*
	木犀科	Oleaceae	素馨属	*Jasminum*	青藤仔	*Jasminum nervosum*

（续表）

类别 Class	科	Family	属	Genus	种	Species
双子叶植物 Dicotyledons	葡萄科	Vitaceae	火筒树属	*Leea*	火筒树	*Leea indica*
	漆树科	Anacardiaceae	人面子属	*Dracontomelon*	人面子	*Dracontomelon duperreanum*
			黄连木属	*Pistacia*	清香木	*Pistacia weinmannifolia*
	茜草科	Rubiaceae	九节属	*Psychotria*	九节	*Psychotria asiatica*
	蔷薇科	Rosaceae	珍珠梅属	*Sorbaria*	珍珠梅	*Sorbaria sorbifolia*
			蛇莓属	*Duchesnea*	蛇莓	*Duchesnea indica*
	清风藤科	Sabiaceae	清风藤属	*Sabia*	尖叶清风藤	*Sabia swinhoei*
	肉豆蔻科	Myristicaceae	风吹楠属	*Horsfieldia*	大叶风吹楠	*Horsfieldia kingii*
	瑞香科	Thymelaeaceae	沉香属	*Aquilaria*	白木香	*Aquilaria sinensis*
	桑科	Moraceae	波罗蜜属	*Artocarpus*	波罗蜜	*Artocarpus heterophyllus*
			榕属	*Ficus*	对叶榕	*Ficus hispida*
					斜叶榕	*Ficus tinctoria*
					苹果榕	*Ficus oligodon*
			柘属	*Cudrania*	拓	*Maclura tricuspidata*
			鹊肾树属	*Streblus*	米扬噎	*Streblus tonkinensis*
	山茶科	Theaceae	山茶属	*Camellia*	油茶	*Camellia oleifera*
	山柑科	Capparaceae	山柑属	*Capparis*	小绿刺	*Capparis urophylla*
	山柚子科	Opiliaceae	鳞尾木属	*Lepionurus*	鳞尾木	*Lepionurus sylvestris*
	柿科	Ebenaceae	柿属	*Diospyros*	山榄叶柿	*Diospyros siderophylla*
					岩柿	*Diospyros dumetorum*
	薯蓣科	Dioscoreaceae	蒟蒻薯属	*Tacca*	裂果薯	*Tacca plantaginea*

（续表）

类别 Class	科	Family	属	Genus	种	Species
双子叶植物 Dicotyledons	桃金娘科	Myrtaceae	蒲桃属	*Syzygium*	红鳞蒲桃	*Syzygium hancei*
					乌墨	*Syzygium cumini*
					海南蒲桃	*Syzygium hainanense*
					山蒲桃	*Syzygium levinei*
			番石榴属	*Psidium*	番石榴	*Psidium guajava*
	藤黄科	Guttiferae	黄牛木属	*Cratoxylum*	黄牛木	*Cratoxylum cochinchinense*
			藤黄属	*Garcinia*	金丝李	*Garcinia paucinervis*
	铁青树科	Olacaceae	赤苍藤属	*Erythropalum*	赤苍藤	*Erythropalum scandens*
	无患子科	Sapindaceae	龙眼属	*Dimocarpus*	龙眼	*Dimocarpus longan*
					龙荔	*Dimocarpus confinis*
			荔枝属	*Litchi*	荔枝	*Litchi chinensis*
			细子龙属	*Amesiodendron*	细子龙	*Amesiodendron chinense*
	梧桐科	Sterculiaceae	苹婆属	*Sterculia*	假苹婆	*Sterculia lanceolata*
			刺果藤属	*Byttneria*	刺果藤	*Byttneria grandifolia*
	五加科	Araliaceae	幌伞枫属	*Heteropanax*	幌伞枫	*Heteropanax fragrans*
			鹅掌柴属	*Schefflera*	白花鹅掌柴	*Schefflera leucantha*
			掌叶树属	*Euaraliopsis*	刺通草	*Trevesia palmata*
	小盘木科	Pandaceae	小盘木属	*Microdesmis*	小盘木	*Microdesmis caseariifolia*
	榆科	Ulmaceae	朴属	*Celtis*	假玉桂	*Celtis timorensis*
			山黄麻属	*Trema*	山黄麻	*Trema tomentosa*

（续表）

类别 Class	科	Family	属	Genus	种	Species
双子叶植物 Dicotyledons	芸香科	Rutaceae	柑橘属	*Citrus*	柚	*Citrus maxima*
					柑橘	*Citrus reticulata*
			吴茱萸属	*Evodia*	三桠苦	*Evodia lepta*
					楝叶吴萸	*Evodia glabrifolia*
			山油柑属	*Acronychia*	山油柑	*Acronychia pedunculata*
			山小橘属	*Glycosmis*	山小橘	*Glycosmis pentaphylla*
			小芸木属	*Micromelum*	大管	*Micromelum falcatum*
			黄皮属	*Clausena*	假黄皮	*Clausena excavata*
	樟科	Lauraceae	樟属	*Cinnamomum*	肉桂	*Cinnamomum cassia*
			木姜子属	*Litsea*	潺槁木姜子	*Litsea glutinosa*
					木姜子	*Litsea pungens*
			黄肉楠属	*Actinodaphne*	毛黄肉楠	*Actinodaphne pilosa*
			润楠属	*Machilus*	绒毛润楠	*Machilus velutina*
			山胡椒属	*Lindera*	黑壳楠	*Lindera megaphylla*
			厚壳桂属	*Cryptocarya*	南烛厚壳桂	*Cryptocarya lyoniifolia*
			楠属	*Phoebe*	石山楠	*Phoebe calcarea*
	紫草科	Boraginaceae	厚壳树属	*Ehretia*	粗糠树	*Ehretia dicksonii*
	紫金牛科	Myrsinaceae	紫金牛属	*Ardisia*	罗伞树	*Ardisia quinquegona*
					紫金牛	*Ardisia japonica*
			密花树属	*Rapanea*	广西密花树	*Myrsine kwangsiensis*
	酢浆草科	Oxalidaceae	阳桃属	*Averrhoa*	阳桃	*Averrhoa carambola*

（续表）

类别 Class	科	Family	属	Genus	种	Species
单子叶植物 Monocots	禾本科	Gramineae	簕竹属	*Bambusa*	簕竹	*Bambusa blumeana*
			淡竹叶属	*Lophatherum*	淡竹叶	*Lophatherum gracile*
			单枝竹属	*Monocladus*	芸香竹	*Bonia amplexicaulis*
	天南星科	Araceae	海芋属	*Alocasia*	海芋	*Alocasia odora*
			崖角藤属	*Rhaphidophora*	狮子尾	*Rhaphidophora hongkongensis*
			广东万年青属	*Aglaonema*	广东万年青	*Aglaonema modestum*
			魔芋属	*Amorphophallus*	魔芋	*Amorphophallus konjac*
	棕榈科	Palmae	鱼尾葵属	*Caryota*	短穗鱼尾葵	*Caryota mitis*
					单穗鱼尾葵	*Caryota monostachya*
			桄榔属	*Arenga Labill*	桄榔	*Arenga westerhoutii*
			石山棕属	*Guihaia*	石山棕	*Guihaia argyrata*
	芭蕉科	Musaceae	芭蕉属	*Musa*	芭蕉	*Musa basjoo*
	露兜树科	Pandanaceae	露兜树属	*Pandanus*	露兜草	*Pandanus austrosinensis*
	百合科	Liliaceae	菝葜属	*Smilax*	菝葜	*Smilax china*
	竹芋科	Marantaceae	柊叶属	*Phrynium*	柊叶	*Aspidistra zongbayi*

附表2　LR和BR相同发育期均表达的141个DEGs
Supplementary 2　141 DEGs expressed in LR and BR at the same developmental stage

编号 No.	基因ID Gene ID	基因注释 Gene annotation
1	ctg1222.g10486	cell division control protein 2 homolog A
2	ctg183.g01544	hexokinase-2，chloroplastic
3	ctg2449.g21644	glutamine synthetase nodule isozyme

编号 No.	基因ID Gene ID	基因注释 Gene annotation
4	ctg794.g06827	VHS domain-containing protein At3g16270
5	ctg1157.g09863	C2 domain-containing protein At1g53590
6	ctg52.g00341	probable mannitol dehydrogenase
7	ctg541.g04658	sm-like protein LSM1B
8	ctg1875.g16816	proteasome subunit beta type-3-A
9	ctg3150.g27076	xylose isomerase
10	ctg1222.g10489	uncharacterized protein LOC110608978 isoform X1
11	ctg2267.g20317	*
12	ctg1467.g13015	*L*-ascorbate oxidase
13	ctg2912.g25253	*
14	ctg2449.g21643	NF-X1-type zinc finger protein NFXL1
15	ctg2994.g25656	probable aldo-keto reductase 4
16	ctg2069.g18938	heat shock cognate protein 80
17	ctg1438.g12882	FBD-associated F-box protein At5g60610-like
18	ctg1467.g13016	*L*-ascorbate oxidase
19	ctg150.g01246	histidine--tRNA ligase，cytoplasmic
20	ctg1649.g14604	alpha-ketoglutarate-dependent dioxygenase AlkB
21	ctg3026.g26055	E3 ubiquitin-protein ligase SPL2
22	ctg1097.g09449	uncharacterized protein LOC110662720
23	ctg2092.g19205	PREDICTED：NADH-ubiquinone oxidoreductase 20.9 kDa subunit
24	ctg3150.g27074	ADP-ribosylation factor 1
25	ctg541.g04655	exocyst complex component EXO70A1
26	ctg2443.g21498	protein IQ-DOMAIN 14
27	ctg433.g03722	ubiquitin thioesterase OTU1
28	ctg179.g01471	flotillin-like protein 2
29	ctg1375.g12034	glycine-rich RNA-binding protein
30	ctg357.g03285	1-phosphatidylinositol-3-phosphate 5-kinase FAB1B
31	ctg707.g06170	cinnamoyl-CoA reductase 1

（续表）

编号 No.	基因ID Gene ID	基因注释 Gene annotation
32	ctg2267.g20318	protein AUXIN SIGNALING F-BOX 2
33	ctg1879.g16848	transcription factor TGAL1
34	ctg847.g07377	tubby-like F-box protein 7
35	ctg2736.g24211	PREDICTED：uncharacterized protein LOC8273121
36	ctg2647.g23478	60S ribosomal protein L18a-like protein
37	ctg2183.g19877	sugar transporter ERD6-like 4
38	ctg772.g06698	thioredoxin reductase 2
39	ctg59.g00447	PREDICTED：putative protein TPRXL
40	ctg367.g03375	NAC domain-containing protein 100
41	ctg2170.g19785	protein CHUP1，chloroplastic
42	ctg1395.g12202	polyubiquitin（Fragment）
43	ctg577.g04865	prostaglandin reductase-3
44	ctg847.g07376	multiprotein-bridging factor 1b
45	ctg1544.g13841	f-box protein SKIP1
46	ctg299.g02985	mitochondrial import inner membrane translocase subunit TIM22-2
47	ctg1236.g10544	nuclear pore complex protein NUP205
48	ctg1048.g08904	probable BOI-related E3 ubiquitin-protein ligase 3
49	ctg418.g03604	NADPH--cytochrome P450 reductase 2
50	ctg3249.g27748	*
51	ctg1277.g10838	PREDICTED：uncharacterized protein LOC105126692
52	ctg2888.g25102	lisH domain-containing protein C1711.05-like
53	ctg2187.g19929	TMV resistance protein N
54	ctg1048.g08911	uridine kinase-like protein 3
55	ctg1082.g09370	ras-related protein RABA5c
56	ctg541.g04652	oligouridylate-binding protein 1B
57	ctg2069.g18921	E3 ubiquitin-protein ligase At4g11680
58	ctg1587.g14310	bifunctional epoxide hydrolase 2
59	ctg2258.g20274	ent-kaur-16-ene synthase，chloroplastic

编号 No.	基因ID Gene ID	基因注释 Gene annotation
60	ctg2933.g25414	PREDICTED：uncharacterized protein LOC108805420
61	ctg1395.g12203	polyubiquitin（Fragment）
62	ctg1539.g13817	uncharacterized protein LOC110791830 [Spinacia oleracea]
63	ctg1585.g14296	glycerate dehydrogenase
64	ctg2897.g25174	casein kinase 1-like protein 1
65	ctg2062.g18608	uncharacterized protein LOC105641262 isoform X1
66	ctg1236.g10540	*
67	ctg2541.g22653	mitochondrial carnitine/acylcarnitine carrier-like protein
68	ctg2650.g23489	uncharacterized sugar kinase YeiI
69	ctg2558.g23013	histidine kinase 2
70	ctg794.g06818	PREDICTED：uncharacterized protein LOC105115370
71	ctg1527.g13707	protein NRT1/ PTR FAMILY 5.10
72	ctg1704.g15348	proteasome subunit alpha type-4
73	ctg3026.g26057	transcription initiation factor TFIID subunit 9
74	ctg2650.g23482	probable NAD（P）H dehydrogenase（quinone）FQR1-like 2
75	ctg2716.g24093	LINE-1 retrotransposable element ORF2 protein
76	ctg456.g03876	probable inactive receptor kinase RLK902
77	ctg1210.g10330	uncharacterized protein LOC105632818 isoform X3
78	ctg2547.g22696	sodium channel modifier 1-like
79	ctg986.g08538	*
80	ctg3085.g26531	acetyl-CoA acetyltransferase，cytosolic 1
81	ctg1395.g12205	hypothetical protein POPTR_0017s12700g
82	ctg2069.g18915	nucleotide-sugar uncharacterized transporter 2
83	ctg1758.g15828	transcription factor ILR3
84	ctg304.g03078	ethylene-responsive transcription factor 4
85	ctg2048.g18389	serine carboxypeptidase-like 45
86	ctg1483.g13161	TMV resistance protein N
87	ctg3026.g26056	PREDICTED：uncharacterized protein LOC105133422

木奶果（*Baccaurea ramiflora* Lour.）

（续表）

编号 No.	基因ID Gene ID	基因注释 Gene annotation
88	ctg2186.g19928	homeobox-leucine zipper protein HAT22
89	ctg1819.g16604	NF-X1-type zinc finger protein NFXL2
90	ctg1361.g11732	prostaglandin E synthase 2
91	ctg1467.g13024	ATP-dependent zinc metalloprotease FTSH 12
92	ctg2198.g19987	*
93	ctg794.g06820	uncharacterized protein LOC110639927
94	ctg577.g04867	B3 domain-containing protein At3g19184
95	ctg1016.g08629	zinc finger protein ZAT4
96	ctg2062.g18682	PREDICTED：uncharacterized protein LOC105121321
97	ctg862.g07480	sodium/hydrogen exchanger 2
98	ctg1467.g13023	ATP-dependent zinc metalloprotease FTSH 12，chloroplastic
99	ctg2446.g21632	acyl-coenzyme A oxidase 3，peroxisomal
100	ctg433.g03718	AUGMIN subunit 4
101	ctg1797.g16393	uncharacterized protein LOC110651659
102	ctg2716.g24092	solanesyl diphosphate synthase 2，chloroplastic
103	ctg1048.g08898	elongation factor 2
104	ctg586.g04897	elongation factor 2
105	ctg2912.g25245	pentatricopeptide repeat-containing protein At4g19191
106	ctg1236.g10535	4-hydroxy-3-methylbut-2-enyl diphosphate reductase
107	ctg3228.g27575	uncharacterized protein LOC105628261
108	ctg977.g08487	uncharacterized protein At4g15545
109	ctg3319.g28583	DNA mismatch repair protein MLH1
110	ctg1649.g14602	25.3 kDa vesicle transport protein
111	ctg194.g02049	protein IRX15-LIKE
112	ctg1723.g15699	trafficking protein particle complex II-specific subunit 130 homolog
113	ctg1048.g08894	elongation factor 2
114	ctg1649.g14613	conserved hypothetical protein
115	ctg2267.g20316	GEM-like protein 5

编号 No.	基因ID Gene ID	基因注释 Gene annotation
116	ctg1048.g08895	elongation factor 2
117	ctg655.g05439	3-isopropylmalate dehydratase large subunit
118	ctg2138.g19587	glutamate receptor 3.6
119	ctg1048.g08909	heavy metal-associated isoprenylated plant protein 41
120	ctg565.g04801	DNA mismatch repair mutS
121	ctg1357.g11715	scopoletin glucosyltransferase
122	ctg303.g03072	putative F-box protein At3g23950
123	ctg2069.g18919	uncharacterized protein LOC110611448
124	ctg3249.g27750	cytosolic sulfotransferase 15
125	ctg3279.g27901	probable chlorophyll（ide）b reductase NYC1
126	ctg1539.g13823	DNA-directed RNA polymerases I and III subunit RPAC1
127	ctg2049.g18393	organic cation/carnitine transporter 4
128	ctg3340.g29161	pollen receptor-like kinase 1
129	ctg1939.g17135	putative cyclic nucleotide-gated ion channel 15
130	ctg3079.g26498	UDP-glycosyltransferase 91A1
131	ctg1452.g12928	pentatricopeptide repeat-containing protein At2g44880
132	ctg2062.g18640	*
133	ctg105.g00992	copper-transporting ATPase PAA1
134	ctg3228.g27601	*
135	ctg2914.g25309	inositol-pentakisphosphate 2-kinase
136	ctg482.g04055	alpha-amylase
137	ctg1760.g15864	uncharacterized protein LOC110623393 isoform X1
138	ctg1467.g12999	putative cyclin-B3-1
139	ctg188.g01564	hypothetical protein POPTR_0014s17490g
140	ctg1882.g16858	*
141	ctg611.g05111	*

注：　"*"表示未注释到该基因。

Note：　"*" indicates that the gene was not annotated.